正思维心理学

ZHENGSIWEIXINLIXUE

周乐◎编著

廣東旅游出版社
GUANGDONG TRAVEL & TOURISM PRESS
悦读书·悦旅行·悦享人生
中国·广州

图书在版编目（CIP）数据

正思维心理学 / 周乐编著. — 广州：广东旅游出版社，2015.2（2024.8重印）

ISBN 978-7-5570-0011-0

Ⅰ. ①正… Ⅱ. ①周… Ⅲ. ①思维心理学－通俗读物 Ⅳ. ①B842.5-49

中国版本图书馆CIP数据核字（2015）第022301号

正思维心理学

ZHENG SI WEI XIN LI XUE

出 版 人 刘志松

责任编辑 梅哲坤

责任技编 冼志良

责任校对 李瑞苑

广东旅游出版社出版发行

地　　址 广东省广州市荔湾区沙面北街71号首、二层

邮　　编 510130

电　　话 020-87347732（总编室） 020-87348887（销售热线）

投稿邮箱 2026542779@qq.com

印　　刷 三河市腾飞印务有限公司

（地址：三河市黄土庄镇小石庄村）

开　　本 710毫米×1000毫米 1/16

印　　张 15

字　　数 210千

版　　次 2015年2月第1版

印　　次 2024年8月第2次印刷

定　　价 68.00元

前　言

有一位日本武士，名叫信长。有一次，在面对实力比他的军队强十倍的敌人时，他决心打胜这场硬仗，但其部下却表示怀疑。

信长在带队前进的途中让大家在一座神社前停下。他对部下说：“让我们在神面前投硬币问卜吧。如果正面朝上，就表示我们会赢，否则就是输，我们就撤退。”部下赞同了信长的提议。

信长进入神社，默默祷告了一会儿，然后当着众人的面投下一枚硬币。大家都睁大了眼睛看——正面朝上！大家欢呼起来，人人充满勇气和信心，恨不能马上就投入战斗。

最后，他们大获全胜。

一位部下说：“感谢神的帮助。”

信长却说道：“是你们自己打赢了这场仗。”

他拿出那枚问卜的硬币——硬币的两面都是正面！

这个故事是否对你有所触动呢？

如同一枚硬币的两面，人生也有正面和背面。光明、希望、愉快、幸福……这是人生的正面；黑暗、绝望、忧愁、不幸……这是人生的背面。那么，你会选择哪一面呢？

人生是需要正能量的，你想赢得人生，你的思想就不能总处在消极的状态，那只会使你沮丧、自卑、烦恼，你的人生也可能因此而光辉不再。

正思维带来正能量。那么什么是正思维？有人将它定义为积极的、面向目标的、力图解决问题的思维方法。也有人补充说，它就是人遇事后的正确思维方式。没错，正思维就是一切有别于消极的、悲观的、阴暗的思维习惯。当我们拥有积极的、乐观的、阳光的思维习惯时，就会引导我们带来正确的行动，正确的行动才会带来满意的结果，这就是正思维的连锁反应。

有些人或许会说，人人都知道这个道理，但问题到来时，又有几人能做到不受负面情绪影响，始终理性地思考解决问题的方法呢？这就需要我们不断强化正面的思维习惯。思维也是可以锻炼的，比如，当你陷入困境时，你可以有两种选择：

第一，抱怨，发牢骚，不停地埋怨这件事中给你造成阻碍的人，想以此引起大家的同情。

第二，分析陷入困境的原因，找出解决问题的关键点，想办法解决问题。

显然，大家都知道第二种选择是正确的，但大多数人都会不自觉地走到第一条路上。而现在，当你了解了正思维的重要性之后，你就要告诫自己：抱怨、牢骚对解决问题毫无帮助，说不定还会起到反作用。这样想就是正思维的开始，之后你就会步入正确的轨道，最终得到圆满的结果。

本书实践正能量思维导图，是一本通俗的心理能量书，没有高深的理论，只有易懂的思想，通过对心态、行动、交际处世三大方面的正思维引导，告诉你快乐的秘诀，开启成功的大门，从而让你拥有积极向上、幸福完满的人生。

Contents
目录

第一篇　正思维之阳光心态篇

思维决定心态，心态决定命运。阳光普照的心灵之路是温暖而光明的，当我们拥有了阳光思维，形成了阳光心态，又怎会惧怕黑暗？冲破浊浪，驶向平静而美好的彼岸吧！

第一章　一切都不是我们想象的那样糟

如何控制情绪，取决于你是如何思考的。当你对许多问题的结果抱有一种积极的愿望时，你就会朝着这个方向努力，找出解决问题的方法，而不是在遇到问题时就此沉沦。如果你的思维是正确的，你的观念和心态就是正确的。当你用正思维去思考问题、面对生活时，你的世界里将不再是一片荒芜的沙漠，一定会有闪烁的星星，也一定会有灿烂的阳光。

第二章　你笑了，你的世界便精彩了

乐观与悲观是人生的两种态度，你选择何种态度，将决定你未来的生活是否快乐。悲观的人注定会在失望甚至绝望里痛苦挣扎，而乐观的人即使是在失望时也会看见不一样的天空。精神可以击垮厄运，情绪可以支配人生，做一个乐观的人，保持向上的态度——你笑了，你的世界便精彩了。

第三章　懂得放弃昨天，明天才有希望

人的一生不可能没有痛苦和遗憾，关键是，当这些事情过去之后，你的下一步是朝着阳光走，还是在原来的阴影里不肯出来。时间就是一阵风，吹走的有云彩，也会有阴霾。对于记忆，我们是有选择的权利的，驱散昨日的阴霾，乘着升起的彩云，我们才可能有能量奔向明日的辉煌。

第二篇　正思维之积极行动篇

人活一世不易，作为个体，除了要有积极向上的心态，更要有积极正确的行动。每个人都是要求进步的，这是人生的规律，也是生存的法则。我们的行动是受我们的思维指导的，必须有正确的思维导向，才会产生正确的行动力。为此，本章将给你一些必要的思维指引，告诉你该怎样走向收获之路。

第四章　给你一个方向，你要学会怎么走

任何人实现梦想的道路都不是一帆风顺的，在追梦的路上，你不但要有思想上的准备，更要有行动上的指南。只有做好准备，未来才是属于你的。

第五章　你不能一个人战斗，要有共赢思维

俗话说：一个好汉三个帮。单打独斗不再是赢家的思维观念，真正的大赢家一定是懂得合作的人。合作的过程，就是一个互助的过程。有了共赢的理念，懂得合作的原则，你就有可能成为笑到最后的那个人。

第六章　转变惯性思维，保持创新态度

没有创新意识，就没有崭新的未来。一个国家、一个民族的振兴都需要她的每一个儿女给她提供新的进步力量，而个人的进步也需要有不一样的思维理念。思维是有力量的，只要你敢于改变，你就是下一个创造奇迹的人。

第三篇 正思维之交际处世篇

美国成功学家卡耐基有一句名言：“一个人的成功，只有15%是由于他的专业技术，而85%则靠人际关系和他为人处世的能力。”一个缺乏正确思维，没有处世能力的人，是难以获得良好的人际关系的。因此，在交际处世上，一定要摆正心态，把握好方向，如此才能成为一个受欢迎的人。

第七章 思路对了，朋友就交下了

千里难寻是朋友，朋友多了路好走。朋友之重要不言而喻，所以，人们大都非常珍视与朋友的友情，也都在积极地结交朋友。无论是结交新朋友，还是维护老朋友，都不是随意的行为。怎样与朋友交往是有讲究的，切不可因经营不当而伤害了友情。

第八章　心中有温度，人与人之间才有热度

一个人心中的想法决定了他的做法。我们必须有爱人的思维观念，否则，人与人之间将变得冷漠。如果心中装着他人，就会考虑他人的感受，用温暖的态度对待他人。让我们为建立一个友爱的社会而付出努力吧！

第九章　正确地为人处世，才不会招人反感

为人处世的能力对于一个社会人是再重要不过的了。在社会上行走，怎么做人，如何做事，必须有正确的思想指引。人做不好，事办得差，再有才华也难以立足。所以，为免遭人反感，一定要学会为人处世。

第一篇
正思维之阳光心态篇

思维决定心态，心态决定命运。阳光普照的心灵之路是温暖而光明的，当我们拥有了阳光思维，形成了阳光心态，又怎会惧怕黑暗？冲破浊浪，驶向平静而美好的彼岸吧！

第一章　一切都不是我们想象的那样糟

如何控制情绪，取决于你是如何思考的。当你对许多问题的结果抱有一种积极的愿望时，你就会朝着这个方向努力，找出解决问题的方法，而不是在遇到问题时就此沉沦。如果你的思维是正确的，你的观念和心态就是正确的。当你用正思维去思考问题、面对生活时，你的世界里将不再是一片荒芜的沙漠，一定会有闪烁的星星，也一定会有灿烂的阳光。

正确的思维带给你阳光的生活

一切问题都不是我们所想象的那样糟，关键在于我们是否有正确的思维。这种正确的思维，就是一种正确的世界观，是一种积极的、面向目标的、力图解决问题的思维方法。思维正确，心态就正确，能够积极地去应对，就没有什么解决不了的问题。

第二次世界大战期间，一位名叫玛莉的英国妇女随她的军官丈夫驻防在北非的埃及，住在靠近沙漠的营地里，军营的条件是很差的。

他们居住的木屋总是闷热难当，连阴凉一点儿的地方温度也在30摄氏度以上，狂风裹挟着沙土总是呼呼地吹个不停。军营里没有几个家属，周围住的又全是不懂英语的土著居民，生活毫无色彩，日子实在难熬。而且丈夫经常要出去执行各种各样的任务，这让一个人在家的玛莉总是感到非常寂寞。她给远在祖国的父亲写信倾诉，多少流露出要回家的意思。父亲的回信很快就收到了，信中写了这么一句话：“有两个罪犯从监狱里望向窗外，一个看到的是高墙和铁窗，一个看到的是月亮和星星。”

玛莉拿着父亲的信看了又看，想了又想，觉得父亲说得很对。

“好吧！”她振作起精神，“我这就找月亮和星星去。”于是她走到屋外，和邻近的土著居民交朋友，并请他们教她烹饪当地的食品，用泥土做陶器。开始交往时是有些艰难的，但他们很快就热情地接受了她，玛莉也开始融入当地人的生活之中，渐渐地迷上了这里的风土人情。

不久之后，玛莉还研究起了曾经让自己无比厌烦的沙漠。很快，沙漠在她眼中成了神奇迷人的地方。她经常请土著朋友们引路到沙漠的深处探险，请当地人讲沙漠的特点，还让远在伦敦的亲友帮她寄来了当时能找到的关于沙漠的所有著作，并认真地阅读。而且她还将她在沙漠里取得的点滴知识都写进了自己的日记，她的生活因此变得充实起来，甚至有些忙碌了。

第二次世界大战结束后，由于在中东、非洲的沙漠地区不断发现石油，人们对沙漠的认识和兴趣开始大增，玛莉因为她的知识成为了英国知名的沙漠专家。

几十年后，当有人向玛莉问起取得事业成功的经验时，她说到了月亮和星星的故事。她说："是父亲教给了我对生活的态度，这种态度是我事业的源泉，它使我终身受用。"

不错，玛莉女士找到了自己的"星星"，她不仅不再长吁短叹了，而且获得了很大的成功。那么我们呢，我们又该得到什么样的启示呢？

如果你的思维是正确的，你的观念和心态就是正确的。当你用正思维去思考问题、面对生活时，你的世界里将不再是一片荒芜的沙漠，一定会有闪烁的星星，也一定会有灿烂的阳光。

积极地解决问题是走上成功之路的开始

毋庸置疑，积极的心态是正思维最直接的表现，更是成功的基础。拿破仑·希尔研究了美国最成功的500个人的生平，还结识了这些人当中的许多人。他发现这些人的成功故事中都有一个不可缺少的元素，那就是具有积极的心态。这些人即使屡遭失败但仍旧斗志昂扬，信心不灭。在他看来，只有能克服不可思议的障碍及巨大失望的人才能获得巨大的成功。他的话跟美国发明家布卡·T.华盛顿的话相似："我明白了，成功的大小不是根据这个人达到的人生高度来衡量的，而是根据他在成功路上克服的障碍的数目来衡量的。"

世界巨富福勒就是一个令人叹服的典范。

福勒小时家里很穷，他的母亲生了7个孩子，为了生计，他5岁参加劳动，9岁之前就像大人一样以赶骡子为生。但有一天，他母亲的一番话改变了他的人生："福勒，我们不应该这么穷。我不愿意听到你们说：'我们的穷是上帝的意愿。'我们的贫穷不是上帝的缘故，而是因为你们的父亲从来就没有产生过致富的念头。不仅是你们的父亲，我们家庭里任何人都没有产生过出人头地的念头。"

"念头"这个词沉重地击打着福勒的心房。

福勒开始思考如何致富。他让关于走向富有的念头占据了全部心思，而把杂念统统抛到脑后。他选择了肥皂业。于是，他像我们现在很多推销员那样挨家挨户地推销起肥皂。12年之后，他终于有了2.5万美元。这时，福勒获悉供应他肥皂的那家公司要拍卖出售，售价是15万美元。福勒兴奋极了，由于兴奋他竟然忘记了自己只有2.5万美元。他与这家公司达成协议，先交2.5万美元作为保证金，然后在10天之内付清余款，否则，那笔保证金——也就是他的全部财产——将不予退还。福勒兴奋地只说了一个字："行！"

这时，福勒已经把自己逼上绝路，但他感到的不是绝望，而是成功的兴奋。福勒开始筹钱，由于做了12年的推销员，他在社会上有着很好的人缘。朋友们借给他11.5万美元，只差1万美元了。但是，这时已经是规定的第10天的前夜，而且是深夜，所以那1万美元就不是个小数目了。福勒发愁了。但是，致富的念头使他没有灰心。他在深夜再次走上街头。成功之后的福勒在回忆起那个深夜时说："当时，我已用尽我所知道的一切资金来源。那时已是沉沉深夜，我在幽暗的房间中跪下祈祷，祈求上帝引导我见到一个能及时借给我1万美元的人。我驱车走遍61号大街，直到我在一幢商业大楼看到了第一道灯光。"

这便是福勒最著名的"寻找灯光"的故事。

这时已是深夜11点。福勒走进那幢商业楼，在昏黄的灯光里看到一个由于工作而疲乏不堪的先生。为了顺利履行那份购买肥皂公司的协议，福勒忘记了一切，心中只有勇气和智慧。他不假思索地说：

"先生，您想赚到1000美元吗？"

"当然想喽……"那位先生因为这突如其来的好运气而有点惊慌失措。

"那么，给我开一张1万美元的支票，等我归还您的借款时，我将另付您1000美元的利息。"

福勒于是讲述了他面临的困境，并把有关的资料让那位先生看。最后，福勒拿到了1万美元。福勒由此开始迈进了世界巨富的行列。

福勒的故事无疑给我们这样一个启示：不被困难折服的积极心态，的确是我们每个人迈上成功之路的开始。

对于许多渴望成功、渴望赚钱致富以改变自己贫穷命运的人而言，如何认识自己目前的“一无所有”，对其以后的发展至关重要。一般来说，持“反正我也是一贫如洗，再怎么努力奋斗也无济于事”态度的人，必将贫困潦倒终生，并且一事无成；而抱“虽然我眼下一无所有，但是我将努力去奋斗”想法的人将成为真正的胜者，走上白手创业赚大钱的道路。

让思维进入一条正确的轨道

有一位牧师正在考虑明天如何布道，却总想不到一个好的讲题，很是着急。可他六岁的儿子不时地来打扰他。为了安抚他的儿子，不让他来捣乱，情急之下，他把一本杂志内的世界地图夹页撕碎，递给儿子说："来，我们做一个有趣的拼图游戏，你回房里去，把这张世界地图还原，我就给你一美元。"

儿子出去后，他把门关上，得意地自言自语："哈，这下可以清静了。"

谁知没过几分钟，儿子又来敲门，并说图已拼好。他大惊失色，急忙到儿子房间一看，果然那张撕碎的世界地图完完整整地摆在地板上。

"怎么会这样快？"他吃惊地望着儿子，不解地问。

"是这样的，"儿子说，"世界地图的背面有一个人头像，人对了，世界自然就对了。"

牧师抚摩着儿子的头若有所悟地说："说得好啊，人对了，世界就对了——我已找到明天布道的题目了！"

还有一则故事：

天上有只鸟在飞。一位拄锄田头的人叹气道：它真苦，四处飞翔为觅一口食。

另一位依窗怀春的少女也正好在看这只鸟，她叹气说：它真幸福，有一双美丽的翅膀。

面对同一种境况，不同的人有不同的心情、理解。满怀激情，我们就会有一种振奋的感觉；失意悲观，我们就会有一种痛苦或失落的感叹。

现实生活中的种种情绪，会使人对境况产生相同的或近似的联想、类比。人们很容易将思维编入既定的框架里，或满足或失意或进取等，产生“命中注定”或“无法更改”的思维定式。当我们逐渐失去踏出限制我们的框架的勇气时，就会将自己对人生的梦想和野心一个个抛掉，变得激情不再，怅然失意。

其实，人生的不同不是境遇的差异，而是心境的迥然。当我们的思维进入一条正确的轨道，能够不受消极思想的影响时，眼中的世界也便是幸福的了。

记住，每天早晨醒来时，别忘了对自己说：“今天是这样的崭新和美好，我很幸运能拥有这样的一天！”

用暗示改变你的精神状态

拿破仑·希尔博士在《心理创富法》一书中认为，自我暗示是一种树立正确财富观念的好办法，并且首次提出六个自我暗示的“黄金”步骤。

第一步，你要在心里确定希望拥有的财富数额。笼统地说“我需要很多、很多的钱”是没有积极作用的，你必须确定你所要求的财富的具体数额；

第二步，确确实实地决定，你将会付出什么努力与代价去换取你所需要的钱——世界上没有不劳而获这回事；

第三步，规定一个固定的日期，一定要在这日期之前把你要求的钱赚到手——没有时间表，你的船永远不会“靠岸”；

第四步，拟定一个实现你理想的可行性计划，并马上进行——你要习惯“行动”，不能够再耽于“空想”；

第五步，将以上四点清楚地写下——不可以单靠记忆，一定得是白纸黑字；

第六步，不妨每天两次大声朗诵你写下的计划的内容。一次在晚上就寝之前，另一次在早上起床之后——当你朗诵的时候，你必须看到、感觉到和深信你已经拥有这些钱！

以上的几个自我暗示步骤看似简单，其实非常重要，所以希尔博士在书中反复叮咛："对一些没有接受过严格心灵锻炼的人来说，以上六个步骤是行不通的……请你先记住，将这些步骤传下来的人不是没有完善意识和致富勇气的平庸之辈，而是一些在经济和政治领域中颇为成功的杰出人物。"

希尔博士的自我暗示步骤使我们深刻认识到自我暗示的重要性与激励作用。而这种暗示正是一种正向思维的引导和强化。因为，人们的意识会形成一种"心理导向效应"，即人的内心都会有一种强烈的接受外界暗示，通过语言、声音等传播媒介树立形象的渴望。

所以，我们在心里为自己描绘的形象，就决定了我们的未来。暗示往往是无法改变的，因为它会在潜移默化中影响我们的成长。这就要求我们的这种暗示必须是正确且积极的。

提高自我价值需要不断地激励自己。心理学上激励的含义，主要是指激发人行为的动因，使人具有一股内在的动力，从而为期望目标做出努力的心理过程。

哈佛大学的心理学家威廉姆·詹姆斯经研究发现，一个没有受到激励暗示的人，仅能发挥其能力的1/5左右，而当他受到激励暗示时，其能力可以发挥至4/5。这就是说，同样一个人，在通过充分激励后，所发挥的能力相当于激励前的三至四倍。

著名黑人领袖马丁·路德·金说过："世界上每一件事都是人抱着希望做成的。"人们基于对环境的认识，进而产生了价值感和期望，导致需要，而需要又引起动机。但动机是否必定产生相应的行为，取决于目标的实践可行性。

我们在追求成功时，不妨设想一下目标实现时激动人心的情景，这种情景会对我们构成一种暗示，它能够成为我们努力的动力，提高我们的挫折耐受能力，让我们保持积极向上的精神状态。

忽略险境，一切都没有想象的那么糟

走独木桥的时候，我们都有这种感觉：心怦怦直跳，害怕一个不小心就会掉下去，结果越是害怕，就越不敢向前走。这就是思维导向的问题，当你陷入恐惧情绪中时，如果不能自拔，恐惧就会不断加剧，直至把你带向一个悲剧的结果。其实，只要我们能够转变思维，忘记背景，忽略险恶，专心走好自己脚下的路，我们就能轻松愉快地快步到达目的地。

弗洛姆是美国一位著名的心理学家。一天，几个学生向他请教：心态会对一个人产生什么样的影响？

他微微一笑，什么也不说就把他们带到一间黑暗的房子里。在他的引导下，学生们很快就穿过了这间伸手不见五指的神秘房间。接着弗洛姆打开房间里的一盏灯，在这昏黄如烛的灯光下，学生们才看清楚房间的布置，不禁吓出了一身冷汗。原来，这间房子的地面是一个很深很大的水池，池子里蠕动着各种毒蛇，包括一条大蟒蛇和三条眼镜蛇，有好几条毒蛇正高高地昂着头，朝他们“嗞嗞”地吐着信子。就在蛇池的上方，搭着一座很窄的木桥，他们刚才就是从这座木桥上走过来的。

弗洛姆看着他们，问：“现在，你们还愿意再次走过这座桥吗？”大家你看看我，我看看你，都不作声。

过了片刻，终于有3位学生犹犹豫豫地站了出来。其中一个学生一上桥，就异常小心地挪动着双脚，速度比第一次慢了好多；另一个学生战战兢兢地踩在小木桥上，身子不由自主地颤抖着，才走到一半，就挺不住了；第三个学生干脆弯下身来，慢慢地趴在小桥上爬了过去。

“啪”，弗洛姆又打开了房内另外几盏灯，强烈的灯光一下子把整个房间照耀得如同白昼。学生们揉揉眼睛再仔细看，才发现在小木桥的下方装着一张安全网，只是因为网线的颜色暗淡，他们刚才才没有看出来。弗洛姆大声地问：“你们当中还有谁愿意现在就通过这座小桥？”

学生们没有作声，“你们为什么不愿意呢？”弗洛姆问道。

“这张安全网的质量可靠吗？”学生心有余悸地反问。

弗洛姆笑了：“我可以解答你们的疑问了，这座桥本来不难走，可是桥下的毒蛇对你们造成了心理威慑，于是，你们就失去了平静的心态，乱了方寸，慌了手脚，表现出各种程度的胆怯——心态对行为当然是有影响的。”

心态对人的行为的影响有多么重要，一个简单的实验就完全证明了。如果我们能够正确地思考、正确地判断，就不会受不良心态的影响，不会因此而恐惧、彷徨、犹豫不决，也不会因此而战战兢兢、畏缩不前。其实，无论遇到什么样的险境，只要你专心走好脚下的路，平静而积极地面对生活，所有让你觉得烦恼的事其实都没有想象的那样糟糕。

不把失败当回事，失败就无法太猖狂

我们常常发现，一个失败者不一定能转变成一个成功者，但一个成功者，一定曾经是一个失败者。一个成功的人，他成功的历史，其实也是一部失败的历史。据说，世界上著名的成功人士所做的事情中，成功与失败的比例是1：10。也就是说，他们几乎要失败10次才能换来一次成功。不信你去问问那些成功的人，他们经历的失败都多于成功。华盛顿打的败仗比他打的胜仗多得多，但他最终成功了。

一个人越不把失败当回事，失败就越不能把他怎么样，他就越能成功；一个人越害怕失败，失败就越会缠住他，他就越难摆脱失败。所以，你的思维把你引向什么方向，给了你怎样的心理动能，这点非常重要。美国两位哈佛毕业的前总统的竞选经历就是最好的说明。罗斯福不怕失败，他成功了；尼克松害怕失败，而他收获的恰恰就是失败。

罗斯福每天坐着轮椅，昂着头，挺着胸，信心百倍地去上班。他在首次就职演说中提出的那个“无所畏惧”的战斗口号，鼓舞了千千万万的听众，他说：“我们唯一值得恐惧的就是恐惧本身。”他凭着永远不承认失败、永远不甘放弃的精神，成为美国最杰出的总统之一。

尼克松在1972年竞选连任美国总统，由于他在第一任期间政绩突出，所以大多数政治评论家都预测他将以绝对优势获得胜利。然而，尼克松本人却缺乏自信，走不出过去几次失败的心理阴影，极度担心再次出现失败。在这种不良心态的驱使下，他鬼使神差地干出了令自己后悔终生的蠢事。他指派手下的人潜入竞选对手总部的水门饭店，在对手的办公室里安装了窃听器。事发之后，他又连连阻止调查，推卸责任。最后，虽然他在这次选举中获胜，但不久因“水门事件”被迫辞职。本来稳操胜券的尼克松，因害怕失败而导致惨败。

永不言败和善于对失败进行总结是成功者的基本特征。如果没有失败，我们就什么也学不到。有远见的企业家在选拔人才时，不仅重视一个人过去的成功，同时还重视这个人失败的经历。哈佛商学院的约翰·考科教授说：“我可以想象得出，在20年前，董事会在讨论一个高级职位的候选人时，有人会说：‘这个人32岁时就遭受过极大的失败。’其他人会说：‘是的，这不是好兆头。’但是今天，同一个董事会却会说：‘让人担心的是这个人还未曾经历过失败。’”可见失败并非坏事，因为每一次失败都孕育着成功的萌芽，每一次失败都将使人更靠近成功。

如果我们不曾失败过，为了成功，我们应该勇敢地去尝试一下失败的滋味。在尝试中，要告诉自己：我在什么地方跌倒了，就要在什么地方爬起来，以后也许还会跌倒，但绝不会在原先的这个地方。

心态不同，人生也就不同

“神奇”的足球教练米卢有这样一句话：心态决定一切。

事实上，我们也经常看到运动员在比赛场上因为心态的起伏变化而导致结果的出人意料。心态左右着我们对人对事对环境的看法，而这种看法又决定了我们对人对事的态度。

从前有一位智慧老人，每天坐在加油站外面的椅子上，向开车经过镇上的人打招呼。

这天，他的孙女陪在他身旁，他俩坐在那里看着经过的人们，一位身材很高看来像个游客的男人到处打听，想要找地方住下来。

陌生人走过来说：“这是个怎样的城镇？”

老人回答：“你来自怎样的城镇？”

游客说：“在我原来住的地方，人人都很喜欢批评别人。邻居之间常说别人的闲话，总之那地方很不好。我真高兴能够离开，那不是个令人愉快的地方。”椅子上的老人对陌生人说：“那我得告诉你，其实这里也差不多。”

过了个把小时，一辆载着一家人的大车在这里停下来加油。车子慢慢开进加油站，停在老人和他孙女坐的地方。一位母亲带着两个小孩子下来问哪里有洗手间，老人指着一扇门，上面有颗钉子悬着歪了的牌子。孩子的父亲也下了车，问老人说："住在这个城镇不错吧？"坐在椅子上的人回答："你原来住的地方怎样？"

孩子的父亲看着他说："我原来住的城镇每个人都很亲切，人人都愿意帮助邻居。无论去哪里，总会有人跟你打招呼，我真舍不得离开。"老先生脸上露出和蔼的微笑："其实这里也差不多。"

然后那家人回到车上，说了谢谢，挥手再见，驱车离开。

等到那家人走远，孙女抬头问祖父："爷爷，为什么你告诉第一个人这里很可怕，却告诉第二个人这里很好呢？"祖父慈祥地看着孙女美丽的双眼说："不管你搬到哪里，你都会带着自己的态度——那地方可怕或可爱，全在于你自己！"

其实生活对我们每个人都是公平的，只是心态的不同造成了人生的不同。把握好自己的心态，因为心态决定一切。一个充满阳光心态的人，到哪里看到的都是阳光普照，即使偶尔飘过阴云，他也会相信阴云很快消散，并努力奔向太阳的方向；如果一个人思想阴暗而消极，那么可想而知，他的内心和他的世界一样，将是一片悲苦寒凉。

给自己一个梦想，期望越高收获越多

从前，有两兄弟，老大想到北极去，而老二只想走到北爱尔兰。有一天，他俩从牛津城出发，结果两人都没有到达目的地，但老大到达了北爱尔兰，而老二仅仅走到了英格兰北端。

一个具有崇高生活目标的人，毫无疑问会比一个根本没有目标的人更有作为。有句苏格兰谚语说："扯住金制长袍的人，或许可以得到一只金袖子。"那些志存高远的人，所取得的成就必定远远高于起点。即使我们的目标没有完全实现，为之付出的努力本身也会让我们受益终身。

几年前的一个炎热的日子，一群人正在铁路的路基上工作，这时，一列缓缓开来的火车打断了他们的工作。火车停了下来，最后一节车厢的窗户打开了，一个低沉的、友好的声音响了起来："大卫，是你吗？"大卫·安德森——这群人的负责人回答说："是我，吉姆，见到你真高兴。"于是，大卫·安德森和吉姆·墨菲——这条铁路的总裁，进行了愉快的交谈。在长达一个小时的愉快交谈之后，两人热情地握手道别。

大卫·安德森的下属立刻包围了他，他们对于他竟是墨菲铁路总裁的朋友感到非常震惊。大卫解释说，二十多年以前他和吉姆·墨菲是在同一天开始为这条铁路工作的。

其中一个人半认真半开玩笑地问大卫，为什么他现在仍在骄阳下工作，而吉姆·墨菲却成了总裁。大卫非常惆怅地说："二十三年前我为一小时两美元的薪水而工作，而吉姆·墨菲却是为这条铁路而工作。"

美国潜能成功学大师安东尼·罗宾说："如果你是个业务员，赚一万美元容易还是十万美元容易？告诉你，是十万美元！为什么呢？如果你的目标是赚一万美元，那么你的打算不过是能糊口。如果这就是你的目标与你工作的原因，请问你工作时会兴奋有劲吗？你会热情洋溢吗？"

梦想越大，成就越高，人生真的是"梦"出来的。越是卓越的人生越是梦想的产物。可以说，梦想越大，人生就越丰富，成就越卓绝。梦想越小，人生的可塑性就越差。也就是说："期望值越高，达成期望的可能性越大。"

把我们的梦想提升起来，它不应该退缩于一个不恰当的位置。当你在思维中种下梦想的种子后，这颗种子就会吸引你不断为它浇水施肥，直至这个梦无限长大，接近你心中的参天大树，你便有了崭新的人生了。接受梦想的牵引吧，它正是引爆你正能量的那把火！

纵使跌倒，也不空手爬起来

一名丹麦大学生到美国旅游。他先到华盛顿，下榻威勒饭店，住宿费已经预付。他的上衣口袋里放着到芝加哥的机票，裤袋里的钱包内放着护照和现金。但是在准备就寝时，他发现钱包不翼而飞，立刻下楼告诉旅馆的经理。

“我们会尽力寻找。”经理说。

第二天早上，皮包仍然不见踪影。他只身在异乡，手足无措。打电话向芝加哥的朋友求援？到使馆报告遗失护照？呆坐在警察局等待消息？

突然，这个大学生想到：“我要看看华盛顿。我可能没有机会再来，今天非常宝贵。毕竟，我还有今天晚上到芝加哥的机票，还有很多时间处理钱和护照的问题。我可以散步，现在是愉快的时刻，我还是我，和昨天丢掉钱包之前并没有两样。来到美国，我应快乐地享受大都市的一天，不应把时间浪费在丢掉钱包的不愉快之中。”

这个大学生开始徒步旅游，他参观了白宫和博物馆，爬上了华盛顿纪念碑。虽然许多想看的地方他没有看到，但所到之处，他都尽情畅游了一番。

回到丹麦之后，他说美国之行最难忘的回忆，是徒步畅游华盛顿。五天之后，华盛顿警局找到了他的皮包和护照，并寄给了他。

许多人一陷入困境，就悲观失望，并给自己增加很重的压力，其实，应告诉自己，困境是另一种希望的开始，它往往预示着明天的好运气。因此，我们应该主动转换思维，将思维调回到正确的频道上来。

只要放松自己，告诉自己希望是无所不在的，再大的困难也会变得渺小，那么困境自然不会变成阻碍，而会成为又一次成功的希望。

人生中有很多障碍或苦难，但同时所有的障碍或苦难都藏匿着成长和发展的种子。但能够发现这种子并好好培育的人，往往只是少数。这些人到底是怎样的人呢？

第一是决心要克服困难的人。没有这种决心的话，再怎么说“苦难才是机会”，也只会变成以另一种以苦难结束的悲剧。

第二是能够认同“苦难才是机会”的人。没有这种想法，苦难会带来更多的苦难。

碰到危机时，一部分人会陷入恐惧状态，另一部分人反而会利用这个机会取得成功。这种思维上的差别才是改善人生的决定性的差别。

我们应记住，不管怎样不利的条件，只要我们能正确思考，抱着积极的态度去解决问题，就可能把它转变为有利的条件。

分清主次，生活才有意义

一位哲学教授给他的学生们上了这样一课：

这天，教授带了一堆瓶瓶罐罐走进教室，像变戏法一样，先把一个空的大号蛋黄酱瓶展示给学生们看，然后把高尔夫球一个一个地放进那瓶里，一直放到齐瓶口。

教授问学生：这个瓶子装满了吗？全班学生都举手，一致认为瓶子已经装满。

教授又拿出一个纸袋，把里面的小石子掏出来，一撮一撮地放进那个瓶子。小石子逐渐漏下，填补了高尔夫球之间的空隙，直至到瓶口。学生们这才晓得，装了高尔夫球的瓶子并没有满。

这时教授又问：这个瓶子已经装满了吗？学生们确信，这下子瓶子是一定满了，不能再放任何其他东西了。

可是教授又提起一个纸袋，朝那瓶中倒去。袋中装的是细沙，一股一股灌进瓶中，钻进小石子之间的空隙，直至到瓶口。教授再次问学生：现在瓶子是否装满了？学生们想了一想，又一致回答：这一次瓶子绝对装满了。

教授一弯腰，从讲台下面拿出两罐啤酒，慢慢地倒进瓶子，结果满满两罐啤酒都渗进了沙粒之间。学生看到这里，都明白了教授所要表达的意思了。

这个瓶子就好比是我们的生活，当我们觉得自己的生活已经饱和时，实际上还有许多的空间可以填补进去许多东西。而在我们的生活之中，有些事物是很重要的，就像这瓶中的高尔夫球一样，比如我们的家庭、亲人、孩子，我们的健康，我们的朋友，我们的情感和热情。

为什么说这些“高尔夫球”是我们生活中最重要的事物呢？因为，就算我们失去了其他的一切——那些小石子和细沙，只要我们保留着这些高尔夫球，这个瓶子就仍然是满的，我们的生活就不会空虚。

那些小石子，就好像是我们生活中的第二等事物，比如我们的工作、住房、汽车等身外之物。这些东西在我们的生活中都远不及高尔夫球要紧。而至于细沙，就好像生活中更加琐碎和价值更小的事物，比如清理房间等。

最重要的是，要牢牢记住，如果我们最先用细沙装满了瓶子，那么将再没有空间去放置高尔夫球甚至小石子。如果我们的生活被琐碎细小而毫无价值的事物填满了，我们把所有的时间和精力都用来追求那些无聊的身外之物，那么我们到哪里去寻找“空间”来关心自己的家庭、亲人、孩子、健康、朋友和感情呢？

那么两罐啤酒又象征什么呢？啤酒的意思是，不管我们的生活从表面上看有多么繁忙和沉重，其实我们永远还是有时间去喝下两罐啤酒的。

这正是生活的哲理，分清轻重主次，首先关怀对自己和家庭幸福最为重要的事情，如跟孩子们一起游戏，按时做体检，约朋友出去吃个饭。要知道，在这些头等重要的事情都做到之后，我们还是能够找到时间做第二等的事情，能在生活里放进“小石子”“细沙”等。

如果你能这样想问题，这样思考生活的意义，你的人生便大有希望，而不是处在令人窒息的压力中。

屡败屡战的人才是真英雄

有这样一个故事，是讲一位医学博士的。他经过201次实验发现了脊髓灰质炎疫苗，结束了这一病症对人类的肆意蹂躏。有一次人们问他："你取得了如此卓越的成就，彻底结束了脊髓灰质炎对人类的蹂躏。取得这样的成就后，你是怎么看待先前的200次失败的？"

博士这样回答："我这一生中从来没有经历过200次失败。我的字典上没有'失败'这个词。前200次尝试增加了我的经验，让我学到很多东西。实际上，在我做第201次试验时发现，没有前200次的学习，我不可能得到这样的结果。"

在前进的路上，我们可能会做错，可能会走弯路，可能会离原来的目标更远了，但是，这一切都是宝贵的体验和收获，是那位医学博士所谓的"200次"发现之一，如果我们愿意进一步地尝试和努力，那么原来的错误就会成为我们前进的阶梯。但是，如果我们在挫折面前对自己的能力或"命运"产生了怀疑，产生了失败情绪和消极思想，想放弃努力，那么我们就彻底失败了。

还有这样一个心理学实验，在这个实验中，有一群狗在一个很简单的任务上都失败了，那么狗的"字典"上是怎么出现"失败"这个词的呢？

实验中，有一个很大的箱子，底是铁做的。箱子中间有一个铁栅栏，把箱子分为两半。把狗放进箱子的一边，在箱子底下通电，狗受到电击就会感到刺痛。一些狗受到电击后，会很快地跳到笼子的另外一边去，从而躲避电击。在另一边受到电击时，这些狗又会很轻松地跳回来，到没有通电的一边去。这个任务是很简单的，随着通电的部位变化，狗就在这个箱子中穿梭跳动以躲避电击。因此这个箱子也被形象地称为“穿梭箱”。

但是，有另外一群狗，它们在穿梭箱中受到电击时，不做任何跳跃和挣扎的动作，只会浑身发抖，低声哀鸣，一副失败者的可怜样。为什么这些狗会表现出这种任人宰割的惨相呢？原来，心理学家在把这些狗装进穿梭箱前，对它们进行了如下的操作：把这些狗拴在一个铁柱子上，时不时地用电刺激它们，狗受到电击后会挣扎、跳跃、咆哮，但是无论它们怎么挣扎，都摆脱不了电击的折磨；经过几天数十次的电击和无效的挣扎后，这些狗都放弃了努力，在受到电击时，只是趴在地上瑟瑟发抖，低声哀鸣，再也不挣扎了。这时，再把这些狗放进穿梭箱中，对于这种轻轻一跃就能摆脱的电击刺痛，它们也认了。这些狗挣不脱柱子，就以为也跳不过栅栏。

另外一个类似的现象是动物界的大力士大象，在经过训练后，用一根麻绳把大象拴在一根很细的撑杆上它也不会挣脱，为什么呢？原来在训练的过程中，驯象员先是用铁链把大象拴在牢固的铁柱子上，野性的未经驯服的大象最初会拼命挣扎，但是怎么挣扎也没有用。

这时，驯象员又在一边温柔地服侍和教它，最后大象放弃了挣扎，并学会了为人服务的杂耍。可以说，尽管大象在一些马戏杂耍上取得了令人叫绝的“成功”，但是它在试图摆脱束缚这一点上自认失败了。

人当然比狗和大象聪明，把人囚禁在一个地方的时候，不管原来有多少次失败的经验，他们总会想逃脱并且会不断想出办法。但是，在某些场合下，人是否也会像上述的狗或大象一样自认“失败”呢？

挖井的人，在挖到预计应该见到水的深度时，每往下挖一锨，如果仍然见不到水，对他就是一个打击，经过成百上千次这样的打击，他就会自认倒霉，认为自己选错了地方，“看走了眼”，便到别的地方去了，结果另外一个人在他放弃的地方，可能又往下仅挖几尺就喝上了甘甜的井水。满心希望讨老师喜欢的差生，由于自己基础差，不管怎样努力也得不到老师的好脸色，结果他就可能破罐子破摔，放弃努力，甚至走上跟老师作对的道路。不善交际的腼腆的人，在跟人接触的时候老是冷场，老是感到不自在、不快乐，结果就会认了“命”，过起孤独的生活，开始回避所有的人。

类似的事情不胜枚举，它们都有一个共同点，那就是事件的主人觉得自己无能为力，感到灰心丧气，认为不得不放弃了。一句话，他们对待这件事情已经没有了积极的、力图解决问题的思维了。

因此，所谓失败其实就是自己对待事物的一种思维方向、一种内心感觉，是在通往目标的过程中，由于自己的行动多次受阻而产生的绝望感，是自己在心中滋养起来的“纸老虎”。对于这种吓人的张牙舞爪的纸老虎，你不打，它是不会倒的。

所以，将“失败是成功之母”换个表达方式可能更好一些，那就是错误和尝试是成功之母，而失败仅仅是自己的一种感觉 —— 一种绝望的感觉。

事实上，没有什么失败仅仅存在于失败者的心中，只有屡败屡战的人才是真的英雄，才能真正体味生活，享受成功的喜悦！

第二章　你笑了，你的世界便精彩了

乐观与悲观是人生的两种态度，你选择何种态度，将决定你未来的生活是否快乐。悲观的人注定会在失望甚至绝望里痛苦挣扎，而乐观的人即使是在失望时也会看见不一样的天空。精神可以击垮厄运，情绪可以支配人生，做一个乐观的人，保持向上的态度——你笑了，你的世界便精彩了。

乐观能使我们坚持到底，收获丰盛

如果你曾细心观察过周围的成功人士，就会发现，他们中大多数人都拥有乐观的秉性。而那些怨天尤人、吹毛求疵的人通常容易陷入平庸无为的沮丧境地。

这并非巧合，因为在乐观与成功之间，仿佛有必然的因果关系存在。

我们相信，乐观对我们事业的成功举足轻重。通常，有志于自主创业的人们在事业之初往往面对否定、疑惑等消极信息，而唯有积极的态度才能开启事业之门，并使人始终充满活力。乐观能促使我们排除疑惑，更加自信；乐观能使我们设定目标，全心投入；乐观能使我们坚持到底，收获丰盛。

诚然，这世界并不总是向我们展示它乐观的一面，也并不是所有人都在积极的环境中成长，我们可能不是天生的乐观一族，但我们可以学习选择乐观。放弃生活中消极的一面，把握生活中积极的一面。当一切尘埃落定，我们会发现，生活中阳光总是多过风雨。

一代“球王”贝利1940年10月12日出生在巴西的特雷斯科拉索内斯镇的一个贫寒家庭，小时只能赤脚踢球。13岁时，代表当地的包鲁俱乐部少年队踢球，使该队连续三年获包鲁市冠军。这位天才少年开始引起人们的关注，1956年，著名的桑托斯队邀其入队，头一年就攻入2个球，成为该队最年轻的射手。

1958年，未满17岁的贝利首次入选国家队，并首次参加世界杯赛，他以惊人的技巧驰骋赛场，使足坛惊呼：巴西出现了一位神童！在这位神童的激励下，巴西队愈战愈勇，一一击溃强劲对手，第一次为祖国捧回了世界杯。此后，在贝利统领下，巴西队又夺得1962年第7届和1970年第9届世界杯赛冠军，贝利本人也成为至今世界上唯一一位夺得过三届世界杯冠军的球员。

贝利是现代足球运动中最出类拔萃的人物，他功勋卓著，成就非凡，一直是后人学习的榜样。在其长达22年的职业足球生涯中，共参赛1364场，射入1282球，他赢得过世界杯冠军、洲际俱乐部杯赛冠军、南美解放者杯赛冠军——几乎赢得了国际足坛上的一切荣誉，被人们誉为一代“球王”。

1977年10月10日，美国宇宙队为球王举行了盛大告别赛。赛后，贝利在队友和观众的欢呼声中挥泪离场，结束了非凡的绿茵生涯。他初到巴西最有名气的桑托斯足球队时，害怕那些大球星瞧不起自己，竟紧张得一夜未眠。他本是球场上的佼佼者，却无端地怀疑自己，恐惧他人。后来他设法在球场上忘掉自我，专注踢球，保持一种泰然自若的心态，从此便以锐不可当之势进了一千多个球。球王贝利战胜自卑的过程告诉我们：不要怀疑自己、贬低自己，不要过于悲观，只要勇往直前，付诸行动，就一定能走向成功。如果多一些这样的正面思维，久而久之，就会从紧张、恐惧、自卑当中解脱出来。

乐观是人们对事业和前途充满信心的一种精神面貌，是成功者应有的品质。乐观来自何处？乐观来自对生活的强烈的爱。乐观并不是回避困难，乐观是笑对人生的失败。乐观的基础是对人生有美好追求。乐观的大敌是谁呢？答案是悲观。

一位著名的政治家曾经说过：“要想征服世界，首先要征服自己的悲观情绪。”在人生中，悲观情绪笼罩着生命的各个阶段。如果你能战胜悲观的情绪，用开朗、乐观的情绪支配自己的生命，就会发现生活有趣得多。悲观是一个幽灵，人能征服自己的悲观情绪便能征服世界上的一切困难之事。人不可能没有悲观的情绪，要紧的是击败它，征服它。人生在世，不如意事常八九，这是一种客观规律，不以人的意志为转移。倘若把不如意的事情看成是自己构想的一篇小说或是一场戏剧，自己就是那部作品中的主角，心情就会变好许多。一味地沉浸在不如意的忧愁中，只能使不如意变得更不如意。

“去留无意，闲看庭前花开花落；宠辱不惊，漫随天际云卷云舒”。既然悲观于事无补，那我们何不用乐观的态度来对待人生，守住乐观的心境呢？譬如打开窗户看夜空，有的人看到的是星光璀璨，夜空明媚；有的人看到的却是黑暗一片。一个积极乐观的人可在茫茫的夜空中读出星光的灿烂，增强自己对生活的信心；一个心态消极悲观的人只会让黑暗埋葬了自己，且越葬越深。

用乐观的态度对待人生，看到的是“青草池边处处花”，“百鸟枝头唱春山”；用悲观的态度对待人生，举目便是“黄梅时节家家雨”，低眉即听“风过芭蕉雨滴残”。

怎么活，就在于你怎么想

在这个世界上，人的性格千差万别，情感也是各不相同，胆大或胆小，外向或内向，乐观或悲观，自信或自卑，它们并不单单取决于所谓的遗传基因，更多的在于后天的陶冶和磨炼。但不论是先天的还是后天的，只要我们能够意识到要用正思维思考人生，我们就会改变生活。

根据心理学家的调查表明，75%以上的成年人认为自己的一系列情感，如愤怒、兴奋、快乐、埋怨、恐惧都是自然形成的，是无法选择和控制的，于是，他们便听天由命，任由情感摆布。这正好说明大部分人的情感和性格是由外界的环境等因素所掌控的。事实上，我们不但能够磨炼自己的性格，也可以选择自己的情感。只要我们用正确的思维、远大的目光去思考和看待我们生存的这个世界，用顽强的毅力去改造我们周围的环境，用豁达的心胸去认知和感悟我们的一切遭遇，我们就一定能够清除自己心理上的障碍和阴影。

生活中的烦心、哀愁和不如意常常都是“自寻烦恼”“庸人自扰”的结果。有些看起来复杂的事情其实根本不重要，只是我们对生活的理解不够豁达宽容，而使某个问题成了一条捆绑生命活力的锁链。

精神可以击垮厄运，情绪可以支配人生，只要我们选择和酿造豁达乐观、积极向上的情绪，我们就会在人生的旅途中走向快乐、走向成功。

有一个伟人曾说："当鞋合脚时，脚便被忘却了。"太多的时候，我们的生命处于被遗忘的状态。太在意外在的东西，内在的宝贵便淡化了。事实上，在上天赐予我们生命的时候，也赋予了我们快乐的能力。人之所以痛苦，根源在于人在心灵上难以满足，对生命有太多的不满和抱怨，唯独少了一份感谢，快乐也因此与他们无缘。

有一个人每天都很苦恼。有一天黄昏，他经过一座小桥，看见了一辆木推车，车上有一个又丑又胖的女人，那女人坐在车子上，怀里搂着她儿子，周围还有破箱子、破麻袋、草席、水桶、饼干盒、汽车轮等，她被大包小包"前呼后拥"地围着。

那男人龇牙咧嘴地推着车子，黄褐色的头发湿淋淋地贴在尖尖的头颅上，打着赤膊，夕阳下的皮肤红得发亮，半长不短的裤子松松垮垮地吊在屁股上。男人推车上桥时，他的裤子掉了下来，露出半个屁股。

男人都快累死了，那胖女人却坐得心安理得，还优哉游哉地吃着雪糕呢！又黑又亮又结实的铁棍似的手臂里的小男孩，时不时地把母亲拿着雪糕的手抓过去咬一口，母子两人在木推车上争着吃，脸上尽是笑，女人笑得眼睛更小、鼻更塌、嘴巴更大了。脸上可能搽了粉，黑不黑，白不白，有点灰有点青，粗硬的头发让风吹得在头顶乱成一团，而后面那瘦男人看得那么开心。

突然，不知怎么回事，木推车不听话地直往桥头一棵椰子树冲去，男人直着脖子拼命拉，裤子都快掉下来了，木推车还是向椰子树一头撞去，女人手中的碎冰草莓撒了她跟小男孩一头一脸。谁知那男人一手丢了木推车，望着车上的母子俩大笑，女人一边抹去脸上的草莓，一边咒骂，一边跟着笑。

看着这一家三口笑得如此开心，这个烦恼的人也跟着他们恣意地大笑了一场。

是啊，管他什么男的讲风度、女的讲气质，什么人生的理想、生活的目标，什么经济不景气、借人家一百万会不会被逼债……这一家三口，男人的黄发和木推车以及车上的东西告诉我们，他大概是摆地摊的小贩，每天快快乐乐地赶集摆地摊，然后跟着夕阳回家。

即使再丑再穷，又有什么关系呢?

当一个人对自己的生命充满了发自内心的感激时，他所散发出来的魅力能让世界上所有的人都感动。

下面再分享一个二战后的军人的故事。

杰米·杜兰特是20世纪的伟大艺人之一。他曾被邀参加一场慰问第二次世界大战退伍军人的演讲，但他告诉邀请单位自己行程很紧，连几分钟也抽不出来，不过假如让他做一段独白，然后马上离开赶赴另一场演讲的话，他愿意参加。安排演讲的负责人欣然同意。

当杰米走到台上，有趣的事发生了。他做完了独白，却并没有立刻离开。掌声愈来愈响。他连续演讲了15分钟、20分钟、30分钟，最后，终于鞠躬下台，后台的人拦住他问道：“我以为你只讲几分钟呢！怎么回事？”杰米回答：“我本打算离开，但我可以告诉你我为何留下，你自己看看第一排的观众便会明白。”

第一排坐着两个士兵，两人均在战争中失去一只手——一个人失去了左手，另一个则失去了右手。他们正在一起鼓掌，而且拍得又开心又响亮。

任谁看到这样的场景都会有一种心灵上的震撼。这体现了他们对生活的热爱，对生命的感激。

那么，如果我们还活着，如果我们还不是特别地穷困潦倒，如果我们还有健全的四肢，我们有什么理由不对生命充满感激呢?

人生是短暂的，如烟花般转瞬即逝。快快乐乐是一辈子，愁眉苦脸地生活也要慢慢走过，那我们为什么不让自己活得既轻松又快乐呢？当我们选择了轻松快乐，就会觉得整个世界乃至整个宇宙都笼罩在幸福快乐之中。

换个态度，就会发现第二个世界

在困境中，人们往往看不清楚方向，正所谓“云深不知处”，这时保持积极向上的心态更为重要。就像这样的情况：烈日、沙漠，两个人艰难地走着，一个人沮丧地说：“完了，我们只有半瓶水了。”另一个却很高兴，叫道：“太好了，我们还有半瓶水啊！”

换个角度看问题会使我们感到满足，会使我们拥有快乐，世界只有一个，换个角度看，我们就会发现美好的、与众不同的第二个世界。

杰里是美国一家餐厅的经理，他总是有好心情，当别人问他最近过得如何时，他总是有好消息可以说。

当他换工作的时候，许多服务生都跟着他从这家餐厅换到另一家，为什么呢？因为杰里是个天生的激励者，如果有某位员工今天运气不好，杰里总会适时地告诉那位员工往好的方面想。

这样的情景真的让人很好奇，所以有人问杰里：“很少有人能够老是那样地积极乐观，你是怎么办到的？”

杰里回答：“我每天早上起来都会告诉自己，我今天有两种选择，我可以选择好心情或者选择坏心情，我总是选择好心情。即使有不好的事发生，我也可以选择做个受害者或是选择从中学习，我总是选择从中学习。每当有人跑来跟我抱怨时，我可以选择接受抱怨或者指出生命的光明面，我总是选择指出生命的光明面。”

“但并不是每件事都那么容易啊！”那人抗议道。

“的确如此，”杰里说，“生命就是一连串的选择，每个状况都是一个选择，你选择如何响应，你选择人们如何影响你的心情，你选择处于好心情或是坏心情，你选择如何过你的生活……”

数年后，杰里意外地做了一件人们想不到的事：

有一天他忘记关上餐厅的后门，结果早上三个武装歹徒闯入抢劫，他们逼迫杰里打开保险箱。可由于过度紧张，杰里弄错了一个号码，惊慌之下，抢匪开枪射击杰里。幸运地，杰里很快被邻居发现，被紧急送到医院抢救，经过18个小时的外科手术以及精心照顾，杰里终于出院了，但还有颗子弹留在他身上。

事情发生6个月之后，朋友遇到杰里，问他最近怎么样，他回答：“我很幸运了。要看看我的伤痕吗？”

朋友婉拒了，问杰里当抢匪闯入的时候他的心路历程。

杰里答道：“我第一件想到的事情是我应该锁后门的，当他们击中我之后，我躺在地板上，我还记得我有两个选择：我可以选择生或选择死。我选择活下去。”

“你不害怕吗？”朋友问他。

杰里继续说：“医护人员真了不起，他们一直告诉我没事，放心。但是在他们将我推入紧急手术间的路上，我看到医生跟护士脸上忧虑的神情，我真的被吓着了，他们的脸上好像写着‘他已经是个死人了’，我知道我需要采取行动。”

“当时你做了什么？”朋友问。

杰里说：“嗯！当时有个高大的护士用吼叫的音量问我一个问题，她问我是否会对什么东西过敏。我回答‘有’。

“这时医生跟护士都停下来等待我的回答。

“我深深地吸了一口气，喊道：‘子弹！’

“这时医生和护士都在笑，脸上的忧虑神情渐渐消失了，听他们笑完之后，我告诉他们：‘我现在选择活下去，请把我当作一个活生生的人来开刀，而不是一个活死人。’”

杰里能活下去当然要归功于医生的精湛医术，但同时也得益于他令人惊异的态度。态度有多重要无须多说，我们每天都能选择享受我们的生命或是憎恨它。真正属于我们的权利——没有人能够控制或夺去的东西——就是我们的态度。如果我们能时时注意到这个事实，我们生命中的其他事情都会变得容易许多。

快乐多半是一种思想上的胜利

有一个人，他觉得自己从小到大都是一名失败者，失败永远陪伴在他的身边，因此他从来都不快乐。他感到上天不公平，于是，决定去寻找上帝，询问上帝快乐是什么。这个人翻山越岭，来到河边，见到一位老翁，就走过去问："老人家，快乐是什么？"那位老人回答他："快乐就是每天都能钓到鱼。"

这个人继续他的旅程，他渡过了河，来到了森林中，遇见一个正在赶路的中年男人，就问他："快乐是什么？"那个中年男人回答他："快乐就是每天都能捕获野兽。"

还有这样一则事例：

有一位住在佛罗里达州的快乐农场主，他曾创造了一个商业上的奇迹。当初他买下那块农场时，那里土壤贫瘠，各种果树都不适合种植，甚至连养猪也不适宜。除了一些矮灌木与响尾蛇外，什么都难以生存，他几乎看不出这块土地还有什么用途。因此一开始，他的心情十分低落。后来他想到个好主意。他决定再投资，开发利用这些响尾蛇资源。于是他不顾大家的反对，开始把响尾蛇肉加工成罐头。而且，旅游资源成了他的又一生财之道，每年有平均两万名游客到他的响尾蛇农庄来参观。游客到这里亲眼目睹了响尾蛇的毒液被抽出后送往实验室制作血清，蛇皮被高价售给制鞋工厂生产女鞋与皮包，蛇肉罐头则运往世界各地。连当地邮戳都盖着“佛罗里达州响尾蛇村”，可见当地人都以这位把“毒柠檬”做成“甜柠檬汁”的农场主为荣。

拥有快乐的人生态度，总能使人把不幸化为一种机会。哈里·爱默生·佛斯狄克曾语重心长地说：“真正的快乐不一定是愉悦的，它多半是一种思想上的胜利。”没错，快乐源自一种成就感——超越自我的胜利。

持有什么样的心态，就有什么样的结局

生活如同一面镜子，我们对它笑，它就对我们笑；我们对它哭，它也以哭脸相示。我们持有什么样的心态，也就决定我们拥有什么样的人生结局。

悲观主义者说："人活着就有问题，就要受苦；有了问题，就有可能陷入不幸。"即使遇到一点点的挫折，他们也会千种愁绪，万般痛苦，认为自己是天下最命苦的人，一如英国哲学家罗素所形容的"不幸的人总自傲着自己是不幸的"。悲观主义者把不幸、痛苦、悲伤做成一间屋子，然后钻进去，并大声对外界喊着："我是最不幸的人。"因为自感不幸，他们内心便失去了宁静，于是不安、嫉妒、虚荣、自卑等悲观消极情绪应运而生。是他们自己抛弃了快乐与幸福，是他们自己一叶障目，视快乐与幸福而不见。

乐观主义者说："人活着就有希望；有了希望就能获得幸福。"他们能从平淡无奇的生活中品尝到甘甜，因而快乐如清泉，时刻滋润着他们的心田。

其实，任何事物本身都没有快乐和痛苦之分，快乐和痛苦是我们对它们的感受，是我们赋予它们的特征。同一件事情，从不同角度去看待，就会有不同的感受。一个人快乐与否，不在于他处于何种境地，而在于他是否有一颗乐观的心。不过，"乐观"两个字说起来简单，但做起来并不是

那么容易的。首先，我们必须学会在逆境中发现光明。正如一位母亲告诉他的儿子说：天真的很黑的时候，星星就要出现了。

如果保持开朗的心胸不那么容易做到，你就和乐观的人交朋友吧，他们积极向上的人生态度会感染你，使你在不知不觉中变得开朗起来。

我们要重新学会如何感动，如何爱别人，如何不去计较那些反面的事情，这样我们的每一天都可以是一个崭新的开始，充满了光明和希望。

要记住，人们都喜欢和乐观的人合作。

逃离忧虑的魔掌，树立健康快乐的形象，这是成功人生的第一步！

忧虑使许多人无法履行自己的义务，因为这消耗了他们的精力，损害和破坏了他们的创造力；而乐观则使人免于忧虑，并能使他们将自己的才能和创造力发挥到极致。

深受忧虑之害的人是无法充分发挥其应有才能的。如果处境困难，他就会束手无策；如果焦虑不安，他只会使自己无法做到最好。无论我们需要什么，首先要把乐观放在前头。不要问怎么办、为什么或什么时候，我们只需要全力以赴。一定要有希望和信念，这是我们成功所必需的。

一位以美丽著称的女演员曾经说过：“想变漂亮一些的人绝对不可以忧虑。忧虑意味着所有美丽的毁灭、消亡和破坏，意味着丧失活力、无精打采，意味着多愁善感，意味着无休无止的灾难。不要介意发生的事情，一个女演员绝对不可以忧虑。一旦她懂得这一点，那她就已经驶进了那条保持美丽容颜的高速公路的入口。”

如果一个老是忧虑的人能看到一幅他从不担忧时的画像该多好啊！如果他在另一幅自己忧虑时的画像旁，又该是一件多么令他震惊的事情啊！他忧虑时的模样看上去就像未老先衰，要么满脸都充满了恐惧和焦虑，要么就是一副极度沮丧和了无生气的表情。这幅画中的他似乎要比那幅快乐画像中的他苍老许多，在那幅显出快乐的画像中，他是那样的朝气蓬勃、充满乐观和满怀希望。

对于一件事情的看法，人们会因切入的角度不同而产生不一样的观点。一个忧虑的人事事都往坏处想，于是愁眉苦脸、愤世嫉俗，但他这样也不过是亲者痛、仇者快，苦了自己而已。除此之外，他的情绪也一定会大受影响，还会影响他人。而反观乐观的人，他们会想办法在逆境中培养积极的情绪，用幽默的眼光看待不愉快的事情，最后反败为胜。

不要让悲观占据我们的心灵

如果上苍对我们关上了一扇门，他会给我们打开另外一扇门，至少也会为我们留一扇窗户。

在这个世界上，两种不同的人造就了两种不同的态度。悲观的人，决定了消极的态度；乐观的人，则决定了积极的态度。面对生活，悲观的人总是看到失望甚至是绝望；相反，乐观的人却总是能在失望中找到最后的一线希望。下面这个故事可以帮助我们更加明晰悲观和乐观的意义。

一位父亲欲对孪生兄弟做“性格改造”。一天，他买了许多色泽鲜艳的玩具给了一个孩子，又把另一个孩子送进了一间堆满马粪的车库里。

第二天清晨，父亲看到得到玩具的孩子正泣不成声，便问：“为什么不玩那些新玩具呢？”

“玩了就会坏的。”孩子仍在哭泣。

父亲叹了口气，走进车库，却发现那个被关在里面的孩子正兴高采烈地在马粪里掏东西。“告诉你，爸爸，”那孩子得意扬扬地向父亲宣称，“我想马粪堆里一定还藏着一匹小马呢！”

事实上，人所处的环境和自身的遭遇无所谓好坏，问题的关键在于我们如何去想。悲观的人和乐观的人的差别恰恰在于对事情的看法上。

一位心理学家曾经做过一个实验，他让一批学生打电话给陌生人，让他们为某赈灾机构捐款。当他们打了一两次电话而毫无结果的时候，悲观的学生说："我干不了这事。"而乐观的学生则说："我要换个法儿去试试。"这位心理学家认为：如果感到失望，那他就不会去掌握获得成功所必需的技能。

乐观者之所以能成功是因为当事情一旦出现差错时，他们总会尽力寻找出差错的原因，及时补救。在他们看来，成功应归功于自己的努力。而悲观者则只是一味地抱怨、责备自己为什么会出差错，他们把自己的成功视为一种侥幸。悲观是成功道路上的有害细菌，它会不断地繁殖扩散，使人的心灵笼罩在阴影之下，使人失去进取的动力。而乐观则如同明朗天空中的阳光，给人以无穷无尽的斗志和勇气。

因此，一定要做一个乐观的人，不要让悲观占据我们的心灵。

困境中总孕育着一个叫希望的东西

我们要坚信：生活丢给了我们一个问题，它必然会同时给我们一个解决问题的办法。

生活中我们不必总是企求万事如意、好运连连，要知道，生活就如善变的天气一样，你无法预知会发生什么，随时都会狂风大作、暴雨不断。生活中无论什么击倒了我们，我们都必须重新整理自己，像一个坚强的勇者，跌倒了再爬起来，去迎接新的挑战。

困难中往往孕育了一个叫希望的东西。

琼斯是一个农民，在美国威斯康星州福特·亚特金逊附近经营一个小农场。他身体很健康，工作也很努力，但是农场并没有让他发财，不过日子还过得下去。可是，有一天突然发生了一件事情，使琼斯一下子陷入了困境。琼斯患了全身麻痹症，卧床不起，几乎失去了生活能力。他的亲戚们都确信：他将永远成为一个失去希望、失去幸福的病人，他可能再不会有什么作为了。然而，琼斯不仅大有作为，而且这种作为给他带来了幸福，这种幸福是随他事业的成功而来的。琼斯用什么方法创造了这种变化呢？其实他只是转变了一下思维，让自己的心态转向了积极的方向。是的，他的身体是麻痹了，但是他的心理并未受到影响——他能思考，而且他确实在思考、在计划。他做出了自己的计划。

琼斯积极的心态使他满怀希望，他想要成为有用的人，他要供养他的家庭，而不想成为家庭的负担。

他把他的计划讲给家人听。“我再不能劳动了，”他说，“如果你们愿意的话，你们每个人都可以代替我的手、足和身体。让我们把农场每一块可耕的地都种上玉米，然后我们养猪，用所收的玉米喂猪。当我们的猪还幼小肉嫩时，我们把它宰掉，做成香肠，然后把香肠包装起来，注册商标后出售。我们可以在全国各地的零售店出售这种香肠，”他接着说道，“这种香肠可以像热糕点一样出售。”

这种香肠确实像热糕点一样出售了！几年后，名为“琼斯仔猪香肠”的食品竟成了家庭的必备食品，成了最能引起人们食欲的一种食品。

人生不是一帆风顺的，不论我们面临什么，都不要得意忘形或悲观绝望。有些人之所以事业有成，是因为他们在挫折面前没有放弃，而是另辟蹊径，从而走向了成功。

琼斯的身体瘫痪了，可他的意志丝毫没受影响，并且能乐观地对待残酷的现实。他利用自己的大脑，然后借助别人的手，依然干出了一番事业。

我们一定要学会在困境中仍充满希望，这是成功者和失败者的一个基本的区别。成功者永远不会失去希望，他只会坚持不懈地寻求更多的方法把事情做成。

往好处想，总会找到解决问题的方法

我们在生活中所遇到的每个问题都会在某个时间，由某个人，用某种方法给予解答。

在这个科技不断发展、竞争白热化的时代，每个人都有可能面临被淘汰的命运。经济危机、就业危机使我们中的一部分人陷入了无限的焦虑甚至是恐惧之中。这种情绪对我们的心理施加了压力，进而导致了我们悲观绝望的心态。我们应当努力克服它，学会在黑暗中寻找光明。

生活中遭遇失败和挫折是难免的，问题的关键是当挫折和失败来临时，我们应该仔细地分析它，进而得到解决问题的方法。千万不要放大挫折，它未必如我们所想象的那么糟，更不要把失败归结于命运，认为所有的挫折都是冥冥之中注定的，否则在困难面前，我们会失去主动权而变得尤为被动。

人人都品尝过芝麻蕉，当提到芝麻蕉的时候，我们也许会不由自主地回味起它的香甜，但是否知道它的由来呢？下面我们来分享一个化阻力为动力的故事，希望你能从中获得启发。

在美国的一个小镇，有一位在市场上卖香蕉的小贩，由于他人缘特别好，再加上他所卖的香蕉品质上乘，所以生意一直非常好。有一天，在市场的一个角落突然冒出了火苗，并燃烧起来，还好消防车来得快，很快地把火扑灭了，所以火苗并没有烧到这位小贩的摊位。但是由于温度过高，隔了没多久那些香蕉的表皮上全都长满了一些黑色的小斑点，虽然肉质并没有变坏，但是看起来总是不雅，谁还会买来吃呢？

小贩眼看着就要亏本，心中十分懊恼。可问题既然发生了，总是要解决的，他相信一定会有办法，所以就趁市场重新整修之际，换了个地方继续卖香蕉。而原来那批有黑点的香蕉他想了一个法子来促销，结果竟然销售一空。

原来，当他望着香蕉一筹莫展的时候，突然灵感闪现，他想香蕉上长满了黑色小斑点，远远看去就好像芝麻撒在香蕉上一样，既然如此，为什么不给它取个“芝麻蕉”的新名称呢？结果引起了大家的好奇，大家相信这种香蕉一定更香更甜、更美味，所以争相购买，一时竟成了畅销品。

通过这个故事，我们是否悟出这样一个道理：如果我们能在困境中保持乐观的想法，那么，我们终究会获得走出困境的方法。如果我们只盯着当时不好的局面，让困惑笼罩，我们的问题不但不能得到解决，情况反而会更加恶化。当我们为没有鞋穿而苦恼时，有人却失去了脚；当我们为没有脚而痛苦时，也许有人连生命都失去了。

切记：凡事往好处想。

第三章　懂得放弃昨天，明天才有希望

人的一生不可能没有痛苦和遗憾，关键是，当这些事情过去之后，你的下一步是朝着阳光走，还是在原来的阴影里不肯出来。时间就是一阵风，吹走的有云彩，也会有阴霾。对于记忆，我们是有选择的权利的，驱散昨日的阴霾，乘着升起的彩云，我们才可能有能量奔向明日的辉煌。

正视错误，守住内心的安宁

人生在世，做错事是不可避免的，但也只有选择维护真理、抚慰良心的人，才会有问心无愧、开心快乐的人生。做错事时，最怕的便是否认自己做过。做错事并不可耻，因为只要是人就会做错事，否认自己的行为，不但是对自己人格的蔑视，也会令自己无法走出过去的阴影。

所以，做错事后能抬起双脚重新走上另一个正确的方向，才是当下该做的事。苏格拉底说过："否认过失一次，就是重犯一次。"

著名散文大家刘墉在一篇名为《庸医与华佗》的文章里，给我们讲述了这样一则足以让人的心灵震颤的故事。故事内容大概是这样的：

一个行医数十年的妇科名医在出诊时犯了错，他误把一个孕妇子宫里的胎儿当成了肿瘤，并要求病人马上动手术，以防肿瘤扩散。病人十分害怕，也十分感激这个名医及早地发现了隐藏在身上的这枚"炸弹"。手术很快就安排就绪了，手术室里所有的器材都是最新的，对于这位已经有过上千次手术经验的医生而言，只须切开一个小小的口子就可取出病人腹中的瘤体，使病人永绝后患，但是故事并没有像我们预想的那样顺利。

医生切开病人的腹部，向子宫深入观察，准备下刀，他有把握将肿瘤一次切除，使病人永绝后患。

但是他全身一震，刀子停在半空中，豆大的汗珠冒上额头。他看到了令他难以置信的事，一件在他行医数十年内都不曾遭遇的事：子宫里长的不是肿瘤，而是个胎儿。他矛盾了，陷入挣扎之中。

如果下刀，硬把胎儿拿掉，然后告诉病人摘除的是肿瘤，病人一定会感激得恩同再造，而且可以确定，那所谓的“肿瘤”一定不会复发，他说不定还能得个“华佗再世”的金匾呢！相反，他也可以把肚子缝上，告诉病人，看了几十年的病，他居然看走眼了。

不过是几秒钟的挣扎，已经使他浑身湿透。他小心地缝合之后，回到办公室，静待病人苏醒。后来，医生走到病人床前，他严肃的神情使病人和四周的亲属都手脚冰冷——他们等待着医生宣布癌症末期的噩耗。“太太！对不起，我居然看错了，你只是怀孕，没有长瘤，”医生深深地致歉，“所幸及时发现，孩子安好，你一定能生下个可爱的小宝宝。”病人和家属全呆住了，隔了几十秒钟，病人的丈夫突然冲过去，抓住医生的领子，吼道：“你这个庸医，我会找你算账的！”后来，孩子果然顺利产下，而且发育正常，但是医生被告得差点破产。不过，他最大的伤害，是名誉的损失。

有朋友笑他：“为什么不将错就错？就算说那是个畸形的死胎，又有谁知道？”“老天知道！”医生只是淡淡一笑。

这名医生的勇气是值得人敬佩的，在名誉与良心的天平上，他倾向了后者；而在通往众人景仰的圣殿与万人唾弃甚至是牢狱之灾的路上，他也选择了后者，这需要多么大的勇气啊！刘墉接下来评析说：“为自己的身家名誉而去拼命的人，算不得大勇。不顾自己的身家名誉而去维护真理的人，才是真正的勇者。”

文中的这位医生并没有为了自己的荣誉而蒙骗病人家属，他选择将真相告知对方，给自己的内心留一份安宁。内心安宁了，就不必为错误耿耿于怀，就可以安心放下过去，踏实地走向明天。

不要为昨天流泪，但要从昨天吸取教训

在通成功的道路上，或许荆棘丛生，或许障碍重重，可是所有的这一切都是可以战胜的，关键在于你是否具备了战胜它们的决心。昨天的荆棘丛林已经走过，即使伤痕累累，也不能代表我们无法穿越这条路。勇敢地走下去，伤在昨天，勇在今天，那么成功就在明天。

昨天、今天和明天组成了我们的人生。算下来，人生就只有“三天”。今天，我们已经很忙碌了，如果你为了昨天的失败或不幸而哭泣，那么你的今天就只剩下了泪水，试问，你的明天又将何去何从？

很多心理素质差的人，对于过去无法释然，但站在时间的长河中，如果不把注意力放在美好的今天和明天，而总是沉浸于往事中，是极不明智的做法。昨天依然和我们有关，但是希望是不可能从昨天产生的，生活的奇迹永远是今天的主题。每一天的太阳都是新的，不要对昨天念念不忘。昨天无论是辉煌还是黑暗，都已经成为历史。对于已经翻过去的一页，我们何必要花费精力去自责、去悔恨呢？要把握好今天，为明天而准备，而不是为了昨天而哭泣。

永远风平浪静的人生是不存在的，即使存在，也是不完整的。试想，一个人一生中没有经历过大风大浪，很顺利地就过来了，那么，这个人的一生该是多么的平淡啊！在人生的大海中航行，如果因为昨天的风暴而放弃今天的航线，恐怕那些人生的新大陆永远也不会被发现。成功人士亦是

如此，翻阅那些伟人的传奇史，几乎每一个成长阶段都有一些伤口。爱迪生做过无数次实验才找到一种灯丝材料，邓小平三起三落最终让中国走上了改革开放的道路。在这些曲折的道路上，他们都为了昨天动摇了吗？答案是没有。所以不要轻易地放弃，不要让自己陷入过去的沼泽。昨日诚可贵，但是今日价更高。

一天，一位得道高僧休息前吩咐他的小弟子去给佛祖上香，这个笨手笨脚的小和尚不小心把香炉打翻了，香灰撒了一地，刚刚点燃的烛火差点燃着了整个祭堂。小和尚知道自己闯了大祸，偷偷地躲了起来。第二天，高僧因为找不到小和尚而亲自到祭堂查看究竟，得知了事情的真相。虽然有些生气，但很快就平息了下来。高僧派人去把躲藏起来的小和尚叫来。小和尚因为做错了事而害怕，哭了整整一夜，眼睛肿肿的，他害怕师父因此而责罚他。高僧看了一眼小和尚，说："你耽误了今天的晨课，知道吗？"小和尚抬起头，很不解地望向高僧，然后低头主动认错："师父，我错了。我昨晚打翻了香炉，你不生气吗？为何今日不责罚我，反而仅仅怪我耽误了晨课呢？"老和尚语重心长地说："昨天你犯了错误，我是很生气，可是事情已经过去了，再来追究你的责任已无益处。昨天香灰已撒、香火已断已经是无法挽回的事情了，唯一可以做的便是今天马上换上新的香灰，重新点上香火，再把今日的晨课补回来。如果因为昨天的失误而把今天的光阴也赔进去的话，那才是不可饶恕的。你明白了吗？"小和尚恍然大悟。

或许我们每个人都曾经扮演过小和尚的角色，为了昨天的失误而哭泣，甚至放弃了今日应该做的事，明日再为今日的放弃而哭泣，日日相仿，人生就这样丢失了它的意义。当昨天的事情已经无力改变时，我们就应该勇敢地去面对它，把握好今天才是最有价值的行为。

人的一生要经历无数的风雨，无数的磕磕绊绊。看看我们小时候是如何学会走路的，我们一边学走，一边摔倒，但我们没有因为摔倒了就长哭不起，就拒绝走路。相反，儿时的勇气是巨大的，无论摔得多么疼，哭一下子以后还继续走，甚至第二天就把昨天摔跤的事情忘记了，或许这就是人坚强的本性。长大之后，这种本性是依然存在的，我们不能让软弱把它掩埋，要如同儿时学路那般勇敢。昨天的创伤已经结疤，我们不要再把精力放在它身上了。不要为昨天的失败而流泪，但是要从昨天的失败中吸取教训，避免今天成为第二个失败的昨天。

遗忘是为了使自己更好地赶路

人们总是希望自己活得快乐一点、洒脱一点，可是身处尘世，放眼四周，却常常会说自己并不快乐，总被一种不可名状的困惑和无奈缠绕着。我们为什么不快乐呢？一个重要的原因就是我们没有学会遗忘。

美国作家白涅德夫人曾经写过一本《小公主》，里面的主人公莎拉曾经是一个富家女，但她的爸爸突然死去，还破了产，只留下她这个10岁的小女孩。她的生活从天堂掉到地狱，每天都要干脏活、累活，还要忍受别人的讥讽和嘲笑。但她依然很快乐，她接受了这个事实，并且幻想有一天幸福会降临，从而忘记了痛苦和屈辱。当我们在面对这样的环境时，是不是也应该这样呢？

在我们的日常生活中，在我们的人生路途上，我们所见到的不全是让我们愉悦开心的风景，还会遇到种种的挫折和不幸，有些甚至是致命的打击。因此我们有必要学会遗忘。对于我们来说，遗忘是一种明智的解脱。一次不该有的邂逅，一场无益身心的游戏，一次不成功的使人失魂落魄的恋爱，一场让人丢失进取心的空虚幻想……所有这些都是应该从记忆的底片上抹去的镜头。因为我们还在人生路途上行走，我们所追求的事业、目标就在前方不远处，遗忘是为了使我们更好地赶路，使我们走得更加轻松。

人们常常为了名利将自己弄得疲惫不堪，为此常将他人对待自己的种种误解铭记于心，对别人的轻视耿耿于怀。于是，本打算给自己营造一个轻松愉悦的天地，却不料到头来是给自己套上了一个又一个精神枷锁，心里的那片蓝天在不知不觉中抹上了灰色，伴随着成长的足迹深植于心，在不经意中折磨、摧残着自己。这时我们真的需要一点遗忘精神。忧心忡忡的你不妨到大自然中去体会事物本来的神韵，净化你的心灵，化解你的悲苦，遗忘你应该遗忘的那些东西。

遗忘在某种程度上也是宽容的体现。作为一个普通人，也许你并没有获得人生中所谓的辉煌，也许你遭受了不应有的嘲讽和轻视，但你不必为此而苦恼，你完全可以潇洒地把它们忘掉。因为，如果你为这些事而忧，就永远休想获得人生的辉煌。每个人的心里都需要有一点空间让自己反思，学会遗忘可以让你感受到自己的空间明净了许多，让琐事像漂浮物一样远离我们，沉淀下来的是我们对生活智慧的领悟。

学会遗忘并不是一件容易的事，有许多你想忘也忘不掉的悲伤、痛苦、耻辱，它们是那么刻骨铭心。我们要以一颗平常心去对待痛苦，既然已经发生了，就应该去接受它再忘掉它，不要让你的生活为此添上许多不必要的烦恼。学会遗忘吧，遗忘该遗忘的，留给自己一个清新宁静的生存空间，这样才能拥有欲上青天揽日月的宽阔心怀。

放下昨天的伤，从今天开始出发

昨天就像使用过的支票，明天则像还没有发行的债券，只有今天是现金，可以马上使用。今天是我们轻易就可以拥有的财富，无度的挥霍和无端的错过，都是对生命的浪费。

时间是往前走的，我们不能因为有了辉煌的昨天就忘记了明天的跋涉，已经取得的成就或者已经遭受的损失都是过去的事情了，要学会忘记过去，让自己重新开始，整装出发，抓住今天才是最关键的。

隆萨乐尔曾经说过："不是时间流逝，而是我们流逝。"不是吗？在已逝的岁月里，我们毫无抗拒地让生命一点一滴地流逝，却做出分秒必争的滑稽模样。

说穿了，回到从前也只是一个谎言，是对现在的一种不负责的敷衍。

所谓"活在现在"，就是指活在今天，今天应该好好地生活。这其实并不是一件很难的事，我们都可以轻易做到。

过去的始终是过去的，没有必要沉溺其中，无论过去你多么优秀，如果不能继续努力，最终还是只能平庸地过完一生；无论过去你多么不顺利，只要你愿意努力，坚持自己的梦想，今天总会比昨天更进一步，相信明天的你将比今天更加优秀。

纵观芸芸众生，有谁能一生都活得春风得意、一帆风顺、无波无澜？

成人的世界背后总有残缺，命运就如一叶颠簸于海上的小舟，时刻会遭受波涛无情的袭击。“万事如意”只不过是美好的祝福而已，在活生生的现实面前它显得总是苍白无力。因此，我们应该学会忘记，忘记过去生活中不如意事带给我们的阴影。只要退一步想一想，给人类带来光明的太阳也有黑子，给我们以柔之美的月亮也有阴晴圆缺，我们就能坦然地面对今天的太阳，微笑地迎接明天的生活。

“疯狂英语”的创始人李阳先生，现在可以说是成为了英语学习的代言人，但他练就的一口纯正英语是天生的吗？答案当然是否定的。他在高中时的学习成绩并不理想，甚至有过退学的念头，上了大学之后，他在大一大二也多次补考英语。面对这种情况，很多人都会选择放弃，因为觉得自己就是不行，以前一直都不好，以后怎么会学好呢？所以总是会怀疑自己，其实就是走不出自己过去的阴影。如果李阳也不能从以前的阴影中走出来，他能成为今天的李阳吗？李阳曾说他的家庭教育是打击式的，家长会说他这不行那不行，这肯定会给他的自信心造成很大的影响，然而，这些打击并没有成为李阳的牵绊，反而成了他前进的动力。他不会把自己当成一个英语很差的人来看，他只会往前看，把自己的努力放在每天的疯狂练习中。所以，在大一大二英语还是弱科的他，大四的时候已经开始出入各种场合做起翻译了。这是怎么做到的？他的努力自然是最关键的因素，但是如果他没有彻底地抛开过去的失意，他的成功也许会来得很晚。

今天，我们看到李阳在上万人面前流利地说英语，传授自己的“疯狂英语”。其实，李阳小时候是一个性格非常内向的人，不敢和别人交流，能去买一瓶酱油就是很成功的事了，当多年以后他成为了一个善于与别人交流的人，他的父母看到他的表现都会很惊讶地问：“那是李阳吗？”

这样的转变不是很大吗？如果从他小时候的性格来看，谁能相信他会成为今天的李阳呢？这就说明了今天的你完全可以彻底颠覆昨天的形象，只要你愿意去改变，只要你不被昨天牵绊。

不要被昨天的事情牵绊，也不要跟昨天过不去了，不要再揪住昨天的自己不放了。当亮丽的思想在今天被打开时，我们会说，原来昨天不过是一段历史，发生过的一切事情其实已经变得不再重要了。昨天失败不等于今天不会成功，我们一定要战胜自己的内心，忘掉昨天的失意，从今天开始努力，去迎接明天的辉煌。

忘记昨天的挫折和失败，今天才能更美好

一个人一生要经历的事情实在是太多了，虽然我们在过着“今天”的日子，但是换个角度来说，我们何尝不是在过着一个又一个的“昨天”，在创造着一个又一个“明天”？今天过去了，也就成了昨天，明天到来了，也就成了今天。所以，过好今天，活在当下，才是最好的选择。

每个人都有过去，都有一些深重的痛苦和不幸的遭遇。但是，你可明白，过去只是过去，它除了会给你的现在徒增烦恼之外，不能给你的现在带来任何有益的东西。与其在痛苦中让自己失去今天的美好，不如果断忘记，张开双臂迎接更加美好的今天，创造更加辉煌的明天。

俞敏洪，从一个破破烂烂的小教室走出来的，拎着糨糊罐刷小广告的培训学校老师，变成今天身家数亿，国外风投者削尖了脑袋想注资的新东方教育集团董事长，其创业经历是极其艰难的。可就算他一个人奋斗的时候有多苦、有多少不如意，他却从来没有将痛苦变成枷锁，变成消磨意志的利刃。每一个崭新的清晨，他都会忘记昨日的艰难，勇敢地朝前迈进。他一直坚信：新东方一定能够走下去，而且一定能走得更好。在最绝望的时候，他在心里默默地说：“从绝望中寻找希望，人生终将辉煌。”正是因为他在最容易放弃的时候咬着牙坚持了过来，新东方才渡过一次又一次

的难关，最终站稳脚跟，碾碎了一个又一个困难。我们今天看到的新东方，就是这样一步步走过来的。

当记者采访他的时候，他说："我认为一个人成长的过程，是一个不断在失败中寻找与把握机会的过程。没有失败就无所谓成功，忘记昨天的挫折和失败，今天才能更美好。就像白开水，纯净，没有味道。人是否活得丰富，不能看他的年龄，而要看他生命的过程是否多彩，还要看他在体验生命的过程中能否把握住机会。"

可当记者再次问起他关于新东方精神的时候，他是这样说的："新东方精神对我而言，是我生命中一连串铭心刻骨的故事，是在被北大处分后无泪的痛苦，是在被美国大学拒收后无尽的绝望，是在被其他培训机构恐吓后浑身的颤抖，是在被医生抢救过来后撕心裂肺的哭喊。新东方精神对我而言，更是在痛苦之后决不回头的努力，在绝望之后坚韧不拔的追求，在颤抖之后不屈不挠的勇气，在哭喊之后重新积聚的力量。"

俞敏洪是一个成功的人，可是他的成功却是在经历过一系列的痛苦之后才得来的。如果俞敏洪在经过一连串的打击之后就守住过去的痛苦不放，整日窝在自己的世界里，为昨日的自己舔伤，那他永远看不到明天的希望，永远都不会拥有今天的成绩。

在现实中，有些人在不断的打击下自暴自弃，失去对生命的希望，最终在自卑中度过一生。实际上，当我们凝望过去时，总会附带先入为主的思考方式，因此，我们所看见的事实真相，其实已经不是真相了！正因如此，很多人才会对某件过去的事各执己见、争吵不休。其实，我们不必缅怀过去，不必紧紧抓着装满往事的棺材不放。不懂遗忘沉重的过去，就是在用不该由自己承负的重担来压垮自己。只有放下过去，你才能得到真正的解脱。

对明日充满希望的人不该活在昨日的忧伤里

在当今社会，很流行一种说法，叫作“一日一生”，意思是，把每一天都当作一辈子来过。试想，如果你的生命真的只有一天，你的心里还会有那么多的计较吗？你还会斤斤计较于昨天的事情，为明天的不可知而担忧恐惧吗？你一定会觉得，今天就有做不完的事情，哪有那么多的精力和时间去思考那些无聊的东西啊！

事实上，把所有的光阴都浓缩到一天，你才能明白生命的可贵。人不应该沉浸在昨日的忧伤中不愿醒来，也不应该担心明天的事情，一副“杞人忧天”的样子，而应踏踏实实地活好今天。我们之所以会怀念昨天，不管是幸福还是痛苦，都一样地“情有独钟”，是因为对明日抱有无望和恐惧，但一个对明日充满希望的人是不会活在对昨日的忧伤里的。

贝多芬是世界音乐史上最伟大的作曲家之一。他是“维也纳古典乐派”的最后一位代表人物，与海顿、莫扎特一起被后人称为“维也纳三杰”。他在自己短短的五十七年生涯里，为人类留下了无价的音乐宝藏，因此，世人尊称他为“乐圣”。

贝多芬的祖父和父亲都是宫廷音乐家。贝多芬从小就具有十分敏锐的乐感，他的父亲知道这一点后，就想把他培养成另一个莫扎特式的音乐神童，想通过这样的方式把他作为自己的摇钱树。

也许你不知道，贝多芬是在他父亲的棍棒下学习音乐的。年仅五岁的贝多芬经常被父亲锁在屋里，从早到晚地弹奏钢琴和拉小提琴。小贝多芬经常强忍着痛苦和委屈在钢琴上一遍遍地练习，如果不是贝多芬具有非凡的音乐天赋的话，他可能会因此永远厌恶音乐了。

贝多芬的音乐成长道路异常艰苦，但他凭借自己的刻苦，取得了惊人的成就。他五岁开始学习钢琴，八岁就公开举行演奏会，十岁开始作曲。他的第一位老师聂费对他的帮助极大，聂费拓展了贝多芬的艺术视野，并教会了他许多音乐技能，这为他后来的创作打下了深厚的基础。

贝多芬也终于在勤奋努力之下取得了伟大的成就，走出了一条专属于自己的音乐之路。他的音乐风格鲜明而独特，如果说莫扎特的音乐是清澈的泉水，那么贝多芬的音乐就是熊熊烈火，迸发着炽热的激情。

像贝多芬一样，人生就是要经历很多磨难。获得幸福的人，也同样经历过痛苦，但在经历过这些之后，只要不守着昨日的残灯黄卷不放，人生就终将会有一个更加美好的开始。

也许过去让你拥有几多无奈、几多分离，但是现在的每一天都值得你用心地体会，用心地诠释，用心地感受生活中的点点滴滴。太阳依然从东方升起，地球依然有春夏秋冬，生活依然要进行下去，这是亘古不变的规律。

将过去的美好或痛苦定格在那一刻，慢慢尘封在心底，不要奢望将它重新打开，因为这样会变得失望。就让痛苦永远过去，把美好永远珍藏起来吧……

积极投入到下一段人生之旅

一个人坐在轮船的甲板上看报纸，突然一阵大风把他新买的帽子刮入大海中，只见他用手摸了一下头，看看正在飘落的帽子，又继续看起报纸来。另一个人大惑不解："先生，你的帽子被风刮入大海了！""知道了，谢谢！"他仍继续看报。"可那帽子值几十美元呢！""是的，我正在考虑怎样省钱再买一顶呢！帽子丢了，我很心疼，可它还能回来吗？"说完他又继续看起报纸来。

有一位70多岁的日本老先生，拿了一幅祖传古画上电视节目，要求宝物鉴定团的专家做鉴定。据老先生的父亲生前说，这幅画是名家所作，价值数百万。老先生自己不懂，因而想请专家加以鉴定。结果揭晓，专家认为它是赝品，连一万日元都不值，全场唏嘘……主持人问老先生："您一定很难过吧？"来自乡下的老先生脸上的线条变得无比柔和，微笑着说："啊，这样也好，不会有人来偷，我可以安心地把它挂在客厅里了。"是啊，失去有时反而让我们得到了轻松！

的确，失去的已经失去，何必为之大惊小怪或耿耿于怀呢?

小李的钱包被盗了，不光是钱不见了，里面还有他的身份证，这让他愁眉不展。要知道他的户口在邢台，而他在北京打工，办身份证还要来回跑，挺麻烦的，以致这几天他心情都不好。

不过，这样的心情没有持续很久，一位朋友的话让他顿悟，心情也随之好转。朋友对他说："钱包已经不见了，你再怎么想，它也不可能重新出现在你的面前。钱丢了事小，如果好心情没了，影响你的情绪，让你忧伤，让你不安，进而影响你的食欲，影响你的健康，就太不值得了。身份证办起来是很麻烦，却可让你多回家几次，多见见家人，这也是一件挺好的事情呀！"朋友的话让他反思了很久。由此看来，如果换一个角度来思考问题，生活中又有什么能让你感到烦恼的事情呢?

世事难以预料，倒霉和不幸的事谁也不想碰到，但如果碰到了，你应怎样去面对呢？当挫折和磨难来临时，我们应以一颗乐观、豁达、健康的平常心去面对，这样生活才会美好得多。

许多人都有过丢失某种重要或心爱之物的经历，比如不小心丢失了刚发的工资，最喜爱的自行车被盗了，相处了好几年的恋人拂袖而去等，这些大都会在我们的心理上投下阴影，甚至让我们备受折磨。究其原因，就是我们没有调整心态去面对失去，没有从心理上承认失去，只耿耿于怀于已不存在的东西，而没有想到去创造新的东西。人们安慰丢东西的人时常会说："旧的不去新的不来。"事实正是如此，与其为失去的自行车懊悔，不如考虑怎样才能再买一辆新的；与其为恋人向你"拜拜"而痛不欲生，不如振作起来，重新开始，去赢得新的爱情。

人生总是在不断地失去和拥有。拥有快乐，失去烦恼；捡到幸福，丢掉悲伤。所以，莫再苦恼于失去，积极投入到下一段人生之旅，也许有更大的收获等着你。

别为你无法控制的事情烦恼

我们不能改变既成事实，但可以改变面对事实尤其是坏事的态度。

有些年轻人仅仅因为打翻了一杯牛奶或轮胎漏气就神情沮丧，失去理智。这不值得，甚至有些愚蠢，但这种事不是天天在我们身边发生吗？下面是一个美国旅行者在苏格兰的故事。

这个人问一位坐在墙边的老人："明天天气怎么样？"老人看也没看天空就回答说："是我喜欢的天气。"旅行者又问："会出太阳吗？""我不知道。"他回答道。"那么，会下雨吗？""我不想知道。"这时旅行者已经完全被搞糊涂了。"好吧，"他说，"如果是你喜欢的那种天气的话，那会是什么天气呢？"老人看着美国人，说："很久以前我就知道我没法控制天气了，所以不管天气怎样，我都会喜欢。"

由此可见，别为你无法控制的事情烦恼，你有能力决定自己对事件的态度。如果你不控制它，它就会控制你。

所以别把牛奶洒了当作生死大事来对待，也别为一只瘪了的轮胎而苦恼万分。既然已经发生了，就把它们当作是你的挫折吧。但它们只是小挫折，每个人都会遇到，你对待它的态度才是重要的。

当你遭遇了挫折，就当是付了一次学费好了。

1985年，17岁的鲍里斯·贝克作为非种子选手赢得了温布尔登网球公开赛冠军，震惊了世界。一年以后他卷土重来，成功卫冕。又过了一年，在一场室外比赛中，19岁的他在第二轮输给了名不见经传的对手，被杀出局。在后来的新闻发布会上，人们问他有何感受，他以在他那个年龄少有的机智答道："你们看，没人死去——我只不过输了一场网球赛而已。"

他的看法是正确的：这只不过是场比赛。当然，这是温布尔登网球公开赛奖金很丰厚。但这并不是生死攸关的事。

如果你发生了不幸的事——爱情受阻，或生意不好，或是银行突然要你还贷款——你就能够——如果你愿意的话，用这个经验来应付它们。你可以把它们记在心里，就好像带着一件没用的行李。但如果你真要保留这些不快的回忆，记住它们带给你的痛苦，并让它们影响你的自我意识的话，你就会阻碍自己的发展。选择权在你自己！只把坏事当作经验教训，把它抛在脑后吧。换句话说，丢掉让自己情绪变坏的包袱。

一个人能否成功，除了受思想、意志所支配的因素外，还有一个不可忽视的力量——天命。

曾经说过"五十而知天命"这句话的孔子，周游列国到"匡"这个地方时，被人误认是鲁国的权臣阳虎，而把他围困起来，想陷害他。那时孔子的学生都非常恐慌，倒是孔子泰然地安慰他们说："我继承了古代圣贤的大道，传播给世人，这是遵奉上天的旨意。假使上天无意毁灭中国文化，那么匡人对我也就无可奈何了。你们大家不必为这事担心。"后来匡人终于弄清楚孔子不是阳虎，解除了围困。

所以，当自己已经尽力，可因为个人无法控制的所谓“天命”而使事情变糟，恐慌、着急、悔恨都无济于事时，何不像孔子那样坦然面对——清除看似天经地义的坏心情，营造自己的轻松心态，因为人生中的机遇不会仅此一次。

不要追思过去，不要期待将来

庄子说：“不忘其所始，不求其所终；受而喜之，忘而复之，是之谓不以心捐道，不以人助天。是之谓真人。”国学大师南怀瑾先生认为，这便是人生真正的价值：一切的作为，不要忘掉最初的动机，也不要追究结果是什么！无始无终，忘记时间观念，忘记空间观念，只对现有的生命悠然而受之，冷了加衣服，热了脱一件，饿了就吃。假使痛苦来临呢？高高兴兴地接受就是了。这就是理想的境界。

后来禅宗把庄子的话浓缩为“当下即是”，意为只有现在，生命就在现在这一下。

“当下即是”，这是创造美好人生时最应该懂得的哲理。然而，大多数人的习惯总是一方面向后看，然后有悔不完的过去；另一方面又太重视未来而有过多的幻想。何不多看“当下”一眼，以避免悔恨和恐惧的煎熬？

回忆过去，憧憬未来都很容易，而能够懂得紧紧把握“当下”，好好运用、努力收获就很困难了。

我们所能把握的，唯有“当下”而已。此时此刻——你在运用“当下”这一刻的时候，既不要悔恨已过去的时光没有好好享受，也不要去幻想尚未到来的时光。只有“当下”这一刻是你的。假如要追求快乐，就在“当下”，此时此地找寻；假如你在“当下”找不到，就永远也不会找到了。

生活在“当下”的时间里，就好像是生活在生命最后的一刻里那样，要使今天比昨天稍好一些，使每个新的今天更健康、更有成果、朝前更进一步、更快乐。如果你以前有过悲惨颓废的日子，现在就该发掘生活中的喜乐。你既然不能让时光与潮流为你停留，就必须下定决心，当今天还属于你时，就缔造一个美好的明天。你一定先得有祈求幸福的意志，因为美好的明天完全是从你今天所想、所感、所行的种种中产生的。这是属于你的日子，如何去利用，全在你的掌握之中。

假使我们有足够的智慧去把握“当下”，且能够善加运用的话，则以后接踵而来的许多时刻将会由我们现在所做的明智决策而改善得更合乎理想。所谓未来，总是从脚下开始，我们此刻所塑造的就是我们未来的真面目。

“当下”是改善的时刻，“当下”是充实自己的时刻，“当下”是发现缺点马上加以纠正的时刻。该做的事，要马上着手去做，否则一点一滴地堆积下来，将使我们碌碌终日，一事无成。

只要你能把握“当下”，不浪费时间，不为无益之事忙得毫无道理，你就可以生活得很充实、很丰盈、很快乐。

一生很短暂，你在这小小的地球上只能活一次。让你的生命来证明你的价值吧。宝贵的日子切莫荒废！不要追思过去，不要期待将来，过去的已经过去了，而将来是渺茫不可测的，只有今天是真实而有意义的。

因此，一个人的成就是可以由他的生活态度来决定的。美国前总统亚伯拉罕·林肯经常以一种美妙的方式来结束他一天的生活。他认为，人的一生就是一天又一天的人生，因此想把人生过好，就一定要把每一天过好。他现身说法地告诉他的人民：“我从未立过计划，我仅仅是把一天天所认为最好的事情做好而已。”他又说：“各行业对一个人的指导法则就是勤奋，今天能够着手进行的事情，绝不拖到明天。”

如何抓住这一天，让生命之花结成硕大的果实，这是人生的一大课题。不管生活如何艰苦，每个人都应把当天的工作做好。一如林肯所为，把一天天应做的工作做得最好，才是有意义的人生。尽你所能，充实地过完每一分钟，那你的一天将活得很甜蜜、很满足、很和谐！

一天的时光逝去，就是一天的终结。这是要点之所在。你昨天一定做过一些愚蠢荒唐的事情，你应该把那些事迅速忘掉。我们不该为一点儿小事而耿耿于怀，并在“悠悠人生路”上投下阴影，损伤了这一天可以享受的美景。

如果你总让昨天的烦恼和悲愁来销蚀眼前的好时光，你知道你付出的代价有多高吗？

英国妇女杂志专栏专家潘声·斯屈朗说得好：“把你一切的罪恶和忧虑都埋葬在‘过去’的墓园中吧！”

不过，埋葬了困扰、愁苦、悲惨的时光，可别忘了吸取苦难带来的教训，这是惨痛经历留下的财富。你尽可以忘了使你挣扎过来的风浪，但别忘了在奋斗过程中，引导你安然度过的那一丝光明！固然，经验是伟大的老师，但是，如果太注意过去的事，就如同驾驶汽车时老望着车两旁的反光镜一样，会因此而忽略了前面的道路。

曾任英国首相的乔治就像一个习惯随手关门的人一样，在过完了一天后就关闭一道门，把过去的事统统忘掉。

有一天，乔治首相跟一个朋友相偕散步，每走过一道门，他都要小心翼翼地把门关好。那位朋友调侃地说：“你用不着关这些门呀！”

“应该的！”乔治首相严肃地回答道，“我这一辈子都在关我身后的门。这是必须的，你晓得，当你关门的时候，所有‘过去’的事也都被关在后面了，然后你就可以重新开始，向前迈进！”

纵然你有值得炫耀的过去，或有值得标榜的身世，也不要去提它！好好把握人生的每一刻，珍惜现在，尽情地生活吧！

有句俗话说得很不错：“一天一个现在。”所谓“当下”，即是现在，即是此时此地。所以在今日这一天，要是不做好今日的事，就永无今日让你做这件事了。为此，真正懂得生活的人会抓住“当下”每一分钟，认真做好应做的事情。因为“当下”只有一个，如果把这个“当下”放过，第二个“当下”就不再出现了。

第二篇
正思维之积极行动篇

人活一世不易，作为个体，除了要有积极向上的心态，更要有积极正确的行动。每个人都是要求进步的，这是人生的规律，也是生存的法则。我们的行动是受我们的思维指导的，必须有正确的思维导向，才会产生正确的行动力。为此，本章将给你一些必要的思维指引，告诉你该怎样走向收获之路。

第四章　给你一个方向，你要学会怎么走

任何人实现梦想的道路都不是一帆风顺的，在追梦的路上，你不但要有思想上的准备，更要有行动上的指南。只有做好准备，未来才是属于你的。

再长的路，一步一步总能走完

石头是很硬的，水是很柔软的，然而柔软的水却穿透了坚硬的石头，原因无他，唯坚持而已。坚持是在正确思维引导下的有效行动力，是成事的必要因素。

有个年轻人去微软应聘，但公司并没有刊登过招聘广告，所以总经理疑惑不解，就问这个年轻人原因，年轻人用不太娴熟的英语解释说自己是碰巧路过这里，就贸然进来了。总经理感觉很新鲜，就破例让他一试。面试的结果出人意料，年轻人表现糟糕。他对总经理的解释是事先没有准备，总经理以为他不过是找个托词下台阶，就随口应道："等你准备好了再来试吧。"

一周后，年轻人再次走进微软的大门，这次他依然没有成功。但比起第一次，他的表现要好得多。而总经理给他的回答仍然同上次一样："等你准备好了再来试。"

就这样，这个青年先后5次踏进微软的大门，他最终被公司录用，成为公司的重点培养对象。

常常地，我们会在黑暗中摸索，有时需要很长时间才能找到通往光明的道路。所以，应有勇敢者的气魄，坚定而自信地对自己说一声："再试一次！"再试一次，你就有可能到达成功的彼岸！

对于韩国足球队为什么能冲入2002年世界杯前四强，"韩魔教练"说：我绝对不会说"这样足够了"或"已经没有办法了"这样的话，我要求队员们努力努力再努力，坚持坚持再坚持。

记住这句话：再长的路，一步一步总能走完；再短的路，不迈开双脚将永远无法走完。再多一点努力，多一点坚持，你会惊奇地发现：空气里到处都盛开着绚烂的成功之花。

有一只蛾正从茧里挣扎着爬出来，一个小男孩见它如此痛苦，就拿剪刀帮它将茧剪开。这只蛾终于摆脱了痛苦，却发现自己飞不起来，后来就死了。

这是什么缘故？原因很简单，因为蛾承受痛苦的过程就是一种聚集力量的过程。想想那些成功人士，他们承受了多少痛苦才获得了成功！然而有些人却不能忍受这样的苦难，对于他们来说，任何一点困难都让他们觉得难受，想寻求别人的帮助，这样的人永远都不会取得成功。

一个人在社会上立足，适应能力和生存能力是不可缺少的。人要学会自己成长，不仅如此，还要承担起照顾他人的重任。未来的责任要求人必须有坚持、执着和永不放弃的精神，同时还要有自立自强的意识。

我们在年轻的时候意气风发，屡屡去尝试各种事情，希望能够获得成功，但是后来发现很多事情都不是我们想象中的那样简单，最后屡屡失败。经过几次失败以后，很多人就开始抱怨这个世界不公平，同时也开始怀疑自己的能力，最后，只有一再地降低成功的标准才能让自己活得心安理得。我们中的许多人往往因为害怕失败，就不去追求成功，而甘愿过着失败者的生活。很多人不敢去追求成功，不是追求不到成功，而是因为他们的心里面已经默认：对自己而言，成功是不可能的。正是基于这样的理念，他们放弃了坚持。

司马光不仅是个十分聪明的人，而且懂得坚持，懂得勤奋。有很多故事可以说明这点，其中“警枕”最典型。

《资治通鉴》是司马光通过毕生的艰辛和努力写就的，据说当时初稿就堆满了两间屋子。虽然工作很辛苦，但他从来都没有放松对自己的要求。因为他担心自己会睡过头，进而耽误写作，于是特地让人给他做了个圆木枕头，只要他一翻身，枕头就会滚动，他就能惊醒。正是靠这种分秒必争的方法，历经19年，司马光终于完成了巨著——《资治通鉴》。

只有能够几十年如一日地坚持不懈，才能获得不平凡的成绩。

人应该学会坚持、学会忍耐、学会永不放弃，学会将自己的命运掌握在自己的手上。

苦难与挫折存在于世界上的每一个角落，如果你还想继续生活，就请积极地面对人生。自强不息的人才能顺应时代的变化，抓住机遇，把握有利的局势，最终促进事业的成功。我们心中应该常记：“生命不息，奋斗不止！”这样才能让自己保持最佳的状态，有不断的进步。

立即行动，成功才会垂青于你

有个农夫新买了一块农田，可他发现在农田的中央有一块大石头。

“为什么不挪走它呢？”农夫问。

“哦，它太大了。”卖主为难地回答说。

农夫二话没说，立即找来一根大铁棍，撬起石头的一端，意外地发现这块石头的厚度还不及一尺，农夫只花了一点儿时间就将石头搬离了田地。

也许，在开始的时候，你会觉得做到“立即行动”很不容易，因为这样难免会发生失误。但最终你会发现，“立即行动”的工作态度，会成为你最正确的思维导向，成为你个人价值的一部分。

当你养成“立即行动”的工作习惯时，你就掌握了个人进取的秘诀。当你下定决心永远以积极的心态做事时，你就朝自己的成功目标迈出了重要一步。然而，往往在事情到来之时，你总是先有积极的想法，然后头脑中就会冒出 “我应该先……”，这样一来，你的一条腿就陷入了“万事俱备”的泥潭。一旦陷入，结果就很难说了。你顾虑重重，不知所措，无法定夺何时开始……时间一分一秒地浪费了，你陷入失望情绪里不能自拔，最终只能懊悔地面对悬而未决的工作。

一天，6岁的王安外出玩耍，发现了一只嗷嗷待哺的小麻雀。他决定带回家喂养。走到家门口，忽然想起还未经妈妈允许，他便把小麻雀放在门后，进屋请求妈妈。

在他的苦苦哀求下，妈妈答应了。但是，当王安兴奋地跑到门后时，小麻雀已不见了，他看到的是一只意犹未尽的黑猫。原来，小麻雀已经成了黑猫的腹中餐了。

由此可见，“万事俱备”固然可以降低你的出错率，但致命的是，它会让你失去成功的机遇。企盼“万事俱备”后再行动，你的工作也许永远没有“开始”。世间永远没有绝对完美的事。“万事俱备”只不过是“永远不可能做到”的代名词。

所以，不管从事什么行业，当老板给了你某项工作后，抓住工作的实质，当机立断，立即行动，只有这样，成功才会垂青于你。

很多时候，你若立即开始工作，会惊讶地发现，如果拿浪费在“万事俱备”上的时间和精力处理手中的工作，往往绰绰有余。而且，许多事情你若立即动手去做，就会感到快乐、有趣，这会加大成功的概率。一旦延迟，愚蠢地去满足“万事俱备”这一先行条件，不但倍加辛苦，还会失去应有的乐趣。

你若希望自己能给老板一个“积极者”的形象，那就赶快鞭策自己摆脱“万事俱备”的桎梏，即刻去做手中的工作吧。只有“立即行动”，才能挟制“万事俱备”的“第三只手”，把你从“万事俱备”的泥潭中拯救出来。

一旦你成为做事迅捷的人，你也就成为了老板心中的一块“宝”。

因为对于凡事立即行动的人，老板在布置工作之余，无须再辛苦地鞭策督促，他会因此更加信任你。

立即行动吧！这种态度还会消减准备工作中一些看似可怕的困难与阻碍，引领你更快地抵达成功的彼岸。

决心下得太久，便没有机会了

有一次，西门子公司的总裁和他的一位副手到公司各部门巡视工作。到达一个西门子销售点时，总裁看见告示牌上公布的冰箱价格还是一个月以前的，并没有按照总部指令向消费者公布下调50马克，总裁因此非常生气。

他立即找来销售点的主管，指着报价牌大声说道："你大概还熟睡在上个月的梦里吧！要知道，你的拖延已经给我们公司的荣誉造成了很大损害，因为我们收取的单价比我们公布的单价高出了50马克，我们的客户完全可以在柏林的很多场合，对西门子公司的管理水平提出质疑。"

意识到自己犯了相当大的错误，主管连忙说道："是的，我立刻去办。"

看见告示牌上的冰箱价格得到更正以后，总裁面带微笑说："如果我告诉你，你的裤子后面已经破了一个大洞，而你却不立刻拿去修补或更换，那么，当众出丑的只有你自己。"

西门子总裁的话告诉我们，无论何时，都应该把"立即行动"作为我们的信条。"绝不将任何事情拖延"，这是严格的军人准则，也应是我们每个人的准则。迅捷、及时、准确，是军事活动中最宝贵的概念，也是做任何事情时赢得主动的要诀。你必须赶快行动，不要拖延，也不要恐惧什么。今天的事不要拖到明天再做。

卡耐基告诉我们：做以前拖延下来的事，我们会很不愉快；当初可以很愉快很容易做好的事，拖延了数日之后，就会显得讨厌与困难了。

马克思50岁时想用英文写文章，他立刻就把想法付诸行动了。几个月后，他不仅用英文发表文章，还用英语和人们交谈。而他的一个年轻的朋友当时才30岁，他发誓要学习作画，但他觉得自己还很年轻，属于他的日子还很多，于是这个愿望被搁浅了。看到马克思50岁时才从头学英语还为时不晚，他便决定像马克思一样，50岁再开始学习画画。不幸的是，他42岁那年因为一次车祸而丧生了，他的愿望就这样跟随他到了天堂。

我们应该像马克思一样，养成“今日事，今日毕”的好习惯，否则无法成就大事。把握现在的瞬间，从现在开始做起，只有勇敢的人身上才会富有活力。有些年轻人总喜欢找各种借口拖延，比如说，现在我的情绪不好，等心情好了再去做也不迟；现在我没有时间，等时间富裕了再去完成这件事；这件事不太容易完成，还是先放一放吧。殊不知，时间和机会一闪即逝。当你真的下定决心开始做某事时，你也许已经没有机会了。

没有航向的船，是无法到达彼岸的

俗话说得好："有志者，事竟成。"一个想成功的人，如果没有目标，便犹如大海上看不到灯塔的航船一样，在暴风雨中茫然不知所措，以致迷失方向，这时无论你怎样奋力航行，终究是无法到达彼岸的，甚至会帆破舟沉。现实生活中有的人一生忙忙碌碌，但最终一事无成，这便是因为他们没有确定人生目标，导致人生的航船迷失了方向。

为行动指出正确方向的，是明确的目标，有了明确的目标，才会在实现目标的道路上少走弯路。如果漫无目标，或者目标过多，我们前进的步伐就会受到阻碍，最终可能一事无成。

有这样一个故事，就是讲述确立目标的重要性的。

父亲带着三个儿子到草原上猎杀野兔。在到达目的地，一切准备得当、开始行动之前，父亲向三个儿子提出了一个问题：

"你看到了什么呢？"

老大回答道："我看到了我们手里的猎枪，在草原上奔跑的野兔，还有一望无际的草原。"

父亲摇摇头说："不对。"

老二的回答是："我看到了爸爸、大哥、弟弟、猎枪、野兔，还有茫茫无际的草原。"

父亲又摇摇头说："不对。"

而老三的回答只有一句话："我只看到了野兔。"

这时父亲才说："你答对了。"

为什么打猎时眼中只有野兔的人才是最后的赢家？因为他的目标专一、明确、清晰。所以老三的回答说他的眼中只有兔子，得到了父亲的肯定。

还有一个人，他在19岁的时候曾做过一个50年生涯规划：20多岁时，要向所投身的行业证明自己的存在；30多岁时，要有1亿美元的种子资金，足够做一件大事情；40多岁时，要选一个非常重要的行业，然后把重点都放在这个行业上，并在这个行业中取得第一，公司拥有10亿美元以上的资产用于投资，整个集团拥有1000家以上的公司；50岁时，完成自己的事业，公司营业额超过100亿美元；60岁时，把事业传给下一代，自己回归家庭，颐养天年。这个人就是毕业于美国伯克利大学分校，软件银行集团董事长兼总裁、韩裔日本人孙正义。现在看来，孙正义正在逐步实现着他的计划，从昔日一个弹子房小老板的儿子到今天闻名世界的大富豪，孙正义只用了短短的十几年。

塞涅卡有这样一句名言说："如果一个人活着不知道他要驶向哪个码头，那么任何风都不会是顺风。有人活着没有任何目标，他们在世间行走时，就像河中的一片浮萍，他们不是行走，而是随波逐流。”

《塔木德》里曾讲道：“一位百发百中的神箭手，如果漫无目标地乱射，也不能射中一只野兔。”成功的犹太人十分重视明确奋斗目标的重要性。

爱因斯坦，现代物理学的开创者和奠基人，相对论——“质能关系”的提出者，“决定论量子力学诠释”的捍卫者（振动的粒子）——不掷骰子的上帝。1999年12月26日，爱因斯坦被美国《时代》周刊评选为“世纪伟人”。他之所以能够取得如此令人瞩目的成绩，是与他一生明确的奋斗目标密不可分的。

爱因斯坦出生于德国的一个犹太家庭里，家庭经济条件很差，加上自己小学、中学的学习成绩平平，虽然有志于往科学领域进军，但他有自知之明，知道必须量力而行。他进行了自我分析：自己虽然总的成绩平平，但对物理和数学有兴趣，成绩较好；自己只有在物理和数学方面确立目标才能有出路，其他方面是不及别人的。因此他读大学时选读的是瑞士苏黎世联邦理工学院物理学专业。

由于奋斗目标选得准确，爱因斯坦的个人潜能得到了充分的发挥，他在26岁时就发表了科研论文《分子尺度的新测定》；以后几年他又相继发表了4篇重要的科学论文；发展了普朗克的量子概念，提出了光量子除了有波的性状外，还具有粒子的特性，圆满地解释了光电效应；宣告狭义相对论的建立和人类对宇宙认识的重大变革，取得了前所未有的显著成就。可见目标的确定对于爱因斯坦的重要性。假如他当年把自己的目标确立在文学或音乐上（他曾是音乐爱好者），恐怕不可能会取得像在物理学上如此的辉煌成就了。

许多人在人生的竞赛场上没有成功，并不是因为缺乏信心、能力、智力，而是没有能够确立出一个明确的目标，这样的人是不容易成功的。

恰当的生活目标能使人充满快乐。无所事事、自暴自弃地让时光白白消逝，是人生最可悲的事。有了正确的人生目标后，就不要再左顾右盼了，要下定决心为之奋斗。

只有先把花开好了，才有结出果实的可能

孔子说过："苗而不秀者有矣夫；秀而不实者有矣夫！"意思是，谷物长了苗而不吐穗，是有的；吐了穗而不结果实，也是有的！秀，就是吐穗。"秀而不实"后来演变成"华而不实"这个词语。

孔子满腹学问，一腔热血，却一生郁郁不得志。走"上层路线"，很少有人欣赏他，甚至有些握权者欲除之而后快，连贩夫走卒、农民柴夫都看不起他，对他冷嘲热讽。最困难的时候，他差点儿被饿死。"惶惶然如丧家之犬"。跟随他的众多弟子中，少有品性优良得他夸赞者而能有善终的；那些得志一时的往往违背他"仁"道大义，为他所不喜。

人们常说，生命是一个过程，生活是一种经历。你"尽"了"人事"，付出了努力，那你的这个过程、这个经历就是完美无悔的。至于努力的结果如何，却不妨看淡一点，不必耿耿于怀。"尽人事"是积极的人生，"听天命"如何？

诸葛亮感叹"谋事在人，成事在天"，但他始终以"鞠躬尽瘁，死而后已"的态度入世，这种既能尽力奋斗，又能安时顺世、乐天知命的德行，确实令人钦佩，更是我们处世行事的风向标。

下面这个苹果树的故事和孔子的"苗而不秀，秀而不实"的意思很贴近，都是借物喻人，抒发自己的心志。

我老家的院子里曾经有一株苹果树，那是很多年前父亲种下的。我还记得那株苹果树第一次开花时，我们一家人都很兴奋，没事就在树下转转，不时仰望枝叶间盛开的雪白花瓣，好像那不是花，而是一个个又香又甜的苹果。

那时我还小，以为果树只要开了花理所当然地就应该结果。在家里，我比谁都在意那株苹果树，每天都要仔细地看上好几回。然而我的在意并未换回期待的回报，雪白的苹果花有的残了，有的落了，夏天还没完，原本满树的苹果花竟然落得干干净净，只剩下碧绿的叶子仍在枝头茂盛着。

没有人知道我有多难受。因此我几乎是带着哭腔去问父亲，为什么那么多的苹果花竟然结不出苹果，哪怕是一个也好啊。父亲却呵呵笑起来，说，傻小子啊，南方种苹果树本来图的就是热闹啊。

也就是从那时候开始，我才知道南方是不适宜种苹果树的，即便是种了，也很难结出苹果。既然这样，父亲为什么还要种苹果树呢？不如就种一株樟木树，或者跟别人家一样，种一株桐树也行，那样我就不会有期待，也不会有现在的伤心和失望了。父亲说，种什么树不是种啊，种苹果树有满树的苹果花看，如果运气好，说不定哪年还能收获几个苹果呢。

从此，我对院里的苹果树没了好印象。每当我见到父亲用欢喜的眼神看着苹果树时，我还会对父亲冷嘲热讽：一棵不结苹果的苹果树，有什么看头呢！父亲却并不理会我的奚落，仍然关注那株不结果的苹果树。每年苹果花开时，父亲仍然一如既往地替苹果花操心：风起了，担心风刮落了苹果花；雨来了，又担心雨打坏了花里的蕊。我真是替父亲不值。

有一年，苹果花开得格外茂盛。有天晚上突然下起了雨，雨越下越大。父亲几次把头探到门外，嘴里还喃喃自语：“唉，这么猛的雨，苹果花受罪了！”似乎有谁给他一块大雨布，父亲还真会扯过去给苹果树盖上。

我终于憋不住了，又开始对父亲冷嘲热讽起来。原以为，这次父亲会跟以往一样，对我的讥讽沉默以对。但是，父亲突然扭头看着我，似乎沉思了一阵，缓了缓，说：“你已读中学了，应该明白一个道理。花能不能结果，不能由花说了算。花开了，也许结不出果，但是如果先不把花开好，就肯定结不出果来。”

现在，我早已长大成人，老家的院子已不复存在，那株苹果树也因院子的拆迁而被砍掉了。但是我始终牢记着那个雨夜父亲对我说的话，提醒自己无论身陷何处，都记得做一株开花的苹果树——因为，只有先把花开好了，才有结出果实的可能。

看完这个故事，你的内心一定有所感触吧！俗话说：“好运只青睐有所准备的人。”想在自己短暂的一生中有所收获，勤奋和坚持是必要的，但不是全部。华人首富李嘉诚说：“20岁之前，事业上的成功100%是靠勤劳的双手换来的；20岁到30岁，事业已经有些小基础，这时的成功，10%靠机遇，90%靠勤奋；之后，机会的比例渐渐提高。”

现在的我们，无法掌控命运，只能把自己所能做的事情做好，一切准备好了，才有成功的可能性。如果等着幸运女神到你家门口了，你才开始做准备，又怎么可能成功呢？

尽人事，听天命。人的因素是第一位的，外因条件、外在环境是第二位的，要充分发挥人的主观能动性，这样的理解才是积极的人生态度。

不是缺陷误了你，而是依赖毁了你

马斯洛认为，一个完全健康的人的特征之一就是充分的自主性和独立性。但有的人遇事时首先想到求助别人，追随别人，人云亦云、亦步亦趋，没有自持之心，不敢相信自己，不敢自行主张，不能自己决断。

有些人因为自己身上有某种缺陷，以为自己缺乏劳动能力，就对社会或是旁人产生了依赖心理。殊不知不是你的缺陷误了你，而是你的依赖心理毁了你。

有这样一个故事：

一个只有一条胳膊的乞丐来到一座房屋门前，向女主人乞讨。空空的袖子晃荡着，让人看了很难受。可是女主人却指着门前的一堆砖对乞丐说："你帮我把这堆砖搬到屋后去吧。"

乞丐生气地说："我只有一只手，你还忍心叫我搬砖？不愿给就不给，何必刁难我！"

女主人没有生气，俯身搬起砖来。她故意只用一只手搬，搬了一趟才说："你看，一只手也能干活。我能干，你为什么不能干呢？因为有一只胳膊，就只能乞讨？"

乞丐愣住了，用异样的目光看着女主人，终于俯下身子，用他唯一的一只手搬起砖来，一次只能搬两块。他整整搬了两个小时，才把砖搬完。

女主人递给乞丐20元钱。乞丐伸手接过钱，很感激地说："谢谢你。"

女主人说："你不用谢我，这是你自己凭力气挣的工钱。"

乞丐说："我不会忘记你的。"他对女主人深深地鞠了一躬，就上路了。

几年后，一个西装革履、气度不凡的大老板来到女主人的家，他很有气派，但遗憾的是少了一条胳膊。原来，他就是当年的那个乞丐。他如今是一家公司的董事长，特意来感谢女主人，他说："当初我只想依赖乞讨过活，是您给了我自力更生的启示，我才有了今天。"

依赖性强的人是一个可怜而孤独的人。他们四处碰壁，不被信任，不受欢迎，遭人鄙视，这是依赖所导致的必然结果。依赖性强的人就好比是依靠拐杖走路的不健康的人。不能独立地办成任何事情，便无从谈起操纵和把握自己的命运，命运只能被别人操纵。这样的人，倘若还有利用的价值，人家便会利用他。如果他的利用价值消失了，或者已经被利用过了，人家就会把他抛开，让他靠边站。只因为他太软弱无能，只因为他只依赖别人，不敢相信自己，更不敢自信胜于他人。倘若如此这般地度过一生，实在是枉费做人的机会，这样太遗憾、太悲哀了。

其实，克服依赖的弱点，独立地发展和锻炼自己，扔掉拐杖，走出成长的误区，并不是一件非常困难的事情。因为你并没有比别人少一条腿，别人能够做成的事，你也一定能做成。

建立充分的自信心是克服这一弱点，走出人生败局的第一步。

遇事不要等别人拿主意，要自己想办法、自己决断。

发表言论时不要附和别人的见解，要表现出自己的独到之处。不要跟着时髦走，不要追赶浪潮，要有领导潮流的勇气。不要总是看别人怎样穿衣、怎样走路，要有自己的穿法、自己的姿势和感觉。

在困难面前不要等待别人的援助，要自己想办法克服，挺过去。

总之，抛弃依赖的心理习惯，转变行为方式，积极地想办法解决问题，战胜困难，这样才会成为一个独立自主的，真正被别人需要、被自己认可的快乐之人。

精确与完美才是成功者的心理特征

美国成功学家马尔登说过：马马虎虎、敷衍了事的浮躁心态，可以使一个百万富翁很快倾家荡产。相反，成功人士都是认认真真、兢兢业业的。追求精确与完美，是成功者的心理特征。他讲了这样一个故事——

旧金山一位商人给一个萨克拉门托的商人发电报报价：“1万蒲式耳大麦，单价1美元。价格高不高？你买不买？”萨克拉门托的那个商人原意是说“不。太高”，可是电报里却漏了一个句号，就成了“不太高”，结果这一下就使他损失了1000美元。

中国也有这样因粗心大意而造成巨大损失的事例。一家皮货商订购一批羊皮，在合同中写道：“每张大于4平方尺（1平方尺约合0.1平方米）、有疤痕的不要。”注意，其中的顿号本应是句号。结果供货商钻了空子，发来的羊皮都是小于4平方尺的，使订货者哑巴吃黄连，有苦说不出，损失惨重。

马尔登说，“粗心”“懒散”“草率”，这样一些评价送给生活中成千上万的失败者毫不为过。有多少人，包括职员、出纳、编辑，甚至大学教授，都是因为粗心马虎而丢了他们的工作。

相反，做事认真，则能帮助一个人获得成功。法国作家大仲马有一个朋友，他向出版社投稿经常被拒绝。这位朋友就向大仲马求教。大仲马的建议很简单：请一个职业抄写人把稿子整整齐齐地誊写一遍，再把题目做些修改。这位朋友听从了大仲马的建议，结果他的文章就被一个以前拒绝过他的出版商看中了——再好的文章，如果书写太潦草，谁会有耐心去拜读呢？

美国著名演员菲尔兹曾说："有些妇女补的衣服总是很容易破，钉的扣子稍一用力就会脱落；但也有一些妇女，用的是同样的针线，而补的衣服、钉的纽扣，你用吃奶的力气也弄不破、弄不掉。"做事是否认真，体现着一个人的心态。只有那些有着严谨的生活态度和满腔热忱的敬业精神的人，才会认真对待每一件事，不做则已，要做就一定要尽心尽力做好。这样的人也往往会得到别人的信任，为自己打开成功之门。

做事缺乏耐性、不认真，还有深层的原因。《书摘》杂志曾刊登过一篇文章《风格与耐性》。文章说，当金钱逐渐成为衡量价值的唯一标准时，我们的时代不能不变得浮躁起来。作者说，维也纳的伯森多费尔钢琴，当初出自一家默默无闻的小厂，因为李斯特而使之扬名。成为名牌后，一百多年来他们始终以传统手工艺为主，生产一台专用三角钢琴的工艺流程需要62个星期。而我国近年来兴起了钢琴热，一个早晨就可以冒出几十上百家钢琴厂，而年产几百几千台的厂家也并不稀奇。对比一下，一个是为了商业和音乐的崇高永恒，一个是为了纯粹的经济效益。作者还提到北京的一座现代味十足的饭店建筑，被列为北京的"新十大建筑"之一。但一位建筑行家却指出，这座建筑的做工过于粗糙，工人的技艺太差，而相比之下，老一代工人则有着卓越的技艺。作者问："我们失去的仅仅是一种技术吗？"

如果我们克服掉自己浮躁的弱点，那我们就能使自己的人生焕发出炫目的光彩。

主动一点，把手头的工作做得更好

一些刚刚走出大学校门的年轻人，在从未接触过的工作面前，一时会手足无措，他们的习惯就是在领导交给他们工作任务时，总是要问一句该怎么办，长此以往，就会出现依赖心理，导致思维僵化、心态消极，只会被动服从，不会主动开拓。

大卫在商店工作，他自认为是一个好雇员，做了自己应该做的事——记录顾客的购物款。然而有一天，当他正在和一个同事闲聊时，经理走了进来，环顾四周，然后示意大卫跟着他。经理一句话也没有说就开始动手整理那已经订出去的商品，然后又走到食品区，开始清理柜台，将购物车清空。

大卫惊讶地看着这一切，不是因为这是一项新任务，而是从前没有人告诉他要做这些事——其实现在也没人说过。

什么是主动？不言而喻，主动就是不用别人告诉你，你就能自觉出色地完成任务。主动要求承担更多的责任或自动承担责任是成功者必备的素质。在大多数情况下，即使你没有被正式告知要对某事负责，也应该努力去做好。如果你能表现出胜任某项工作的话，那么责任和报酬就会接踵而至。在你担心该如何多赚一些钱之前，试着想想如何把手头的工作做得更好。

年轻人都想到达成功的最高峰，但要取得巨大的成功，就必须永远保持主动率先的精神，这样即使面对缺乏挑战或毫无乐趣的工作，最终也会获得回报。当你养成这种自动自发的习惯时，就有可能成为老板和领导者。

那些成就大业之人和凡事得过且过的人之间最根本的区别，就在于是否懂得为自己的行为负责。没有人能促使你成功，也没有人能阻挠你达成自己的目标。有主动精神的人，会勇于负责，有独立思考能力。他们不会只按别人的吩咐机械地完成工作，而往往会发挥创意，出色地完成任务。而不能积极主动工作的人，则墨守成规、害怕犯错，凡事只求循规蹈矩。他们会告诉自己，老板没有让我做的事，我又何必插手呢？又没有额外的奖励！这两种不同的想法会明显地导致不同的工作表现。

在工作中，有两种人是永远都得不到提升的。第一种是不肯听命行的人，另外一种是只肯听命行事的人。第一种人，他们被告诉过多次后，还非常不情愿地去做事情；另一种人，仅次于自动自发地做应该做的事，但只是在被告诉怎么做、做什么时才着手去办。这些人得到的荣誉和财富永远只是那么一点点。

成功的机会不会白白降临到你的身上，只有那些主动做事、主动工作的人才有可能获得更多更好的机会。但遗憾的是，意识到这一点的人并不多，大多数人早已养成了拖延懒惰的习惯。

只有当你主动、真诚地提供真正有用的服务时，成功才会随之而来。

而每一个雇主也都在寻找能够主动做事的人，并以下属的表现来给予他们相应的回报。

所以，要追求事业上的成功就要具备这种高度的敬业精神，对于上级交代的任务，应立即采取行动，而不是去讨价还价，提一些愚蠢的问题。请记住：与其被动地服从，不如主动地完成。

想要有所成就，心高气盛是没有用的

如果你是一枚平淡无奇的鹅卵石，你就没有权利抱怨不被注意，因为你没有被注意的价值。但是如果你是一颗珍珠，那么你总有被注意的一天。做人要心存高远，但是你必须有甘当鹅卵石之心。把姿态放低，努力地工作，做出成绩来，成为珍珠后才会引起别人的注意。

维斯卡亚公司是20世纪80年代美国最为著名的机械制造公司，其产品销往全世界，并代表着当时重型机械制造业的最高水平。许多人毕业后到该公司求职时遭到拒绝，原因很简单，该公司的高技术人员爆满，不再需要各种高技术人才。但是令人垂涎的待遇和令人自豪的地位仍然吸引着那些有志的求职者。

史蒂芬是哈佛大学机械制造业的高才生。和许多人的命运一样，在该公司每年一次的用人测试会上被拒绝，其实这时的用人测试会已经是“徒有虚名”了。史蒂芬并没有死心，他发誓一定要进入维斯卡亚重型机械制造公司。于是，他采取了一个特殊的策略——假装自己一无所长。

他先找到公司人事部，提出为该公司无偿提供劳动力，对于公司分派给他的任何工作，他都不计报酬地来完成。公司起初觉得这简直不可思议，但考虑到不用任何花费，也用不着操心，于是便分派他去打扫车间里的废铁屑。

一年来，史蒂芬勤勤恳恳地重复着这种简单又劳累的工作。为了糊口，下班后他还要去酒吧打工。就这样，虽然得到了老板及工人们的好感，但是仍然没有一个人提到录用他。

20世纪90年代初，公司的许多订单纷纷被退回，理由均是产品质量有问题，为此公司将蒙受巨大的损失。公司董事会为了挽救颓势，紧急召开会议商议对策。当会议进行一大半却未见眉目时，史蒂芬闯入会议室，提出要直接见总经理。

在会上，史蒂芬把对这一问题出现的原因做了令人信服的解释，并且就工程技术上的问题提出了自己的看法，随后拿出了自己对产品的改造设计图。这个设计非常先进，恰到好处地保留了原来机械的优点，同时克服了已出现的弊病。

总经理及董事会的董事见到这个编外清洁工如此精明在行，便询问他的背景以及现状。史蒂芬当即被聘为公司负责生产技术问题的副总经理。

原来，史蒂芬在做清扫工时，利用清扫工到处走动的特点，细心察看了整个公司各部门的生产情况，并一一做了详细记录，发现了所存在的技术性问题并想出了解决的办法。为此，他花了近一年的时间搞设计，获得了大量的统计数据，为最后一展雄姿奠定了基础。

年轻人当有远大志向，才可能成为杰出人物。但要成为杰出人物，光是心高气盛还远远不够，必须从最低级的事情做起。当你还默默无闻不被人重视的时候，不妨试着降低一下自己的目标，放松自己的心态，从小事开始做起，这样你才有机会变成耀眼的珍珠。

基础准备好的人才有机会

把握机会的能力是一种综合能力。你只有认真地学习许多基础的东西，留心许多基础又简单的事情，才能不断地积累很多看似基础的经验，这些经验会让你很好地把握每一个机会，进而走向成功。

某著名大公司要招聘一位职业经理人，因待遇优厚所以前来应聘的人特别多，那些具有高学历、多证书的应聘者很多，有相关工作经验的人也不在少数，这预示着公司招聘的过程将会非常激烈和精彩。

经过初试、笔试等前四轮的淘汰后，只剩下了6名优胜者，但是公司只招收1人，所以，第五轮由老板亲自进行面试，由他来决定哪一个人有资格进入公司。

接下来的角逐将会更加残酷。

面试的日期到了，在主考官面前却出现了7名面试者。主考官看到这种情况，就问道："今天来面试的人应该是6名，你们中谁不是被通知来参加面试的？"话音刚落，坐在最后面的一个男子站了起来，他从容不迫地说："报告，那个人是我。我在第一轮就被淘汰掉了，但是，我想参加最后的面试，所以就来了。"

招聘者与另外来应聘的6个人听他如此讲，都笑了起来，就连站在门口为主考官倒水的那个不起眼的老人，也忍不住笑了起来。主考官看着那个不请自来的人，不以为意地问道：“你连考试的第一关就没有通过，现在过来又有什么必要呢？”这个男子自信地答道：“因为我不但掌握了别人没有的财富，并且我本人也是一大财富。”大家又一次哈哈大笑，认为面前这个人要么是自大狂，要么就是头脑有问题。

这个男子不理会那些人的嘲笑，接着说道：“我虽然没有太高的学历，仅是一个本科毕业生，也只有一个中级的职称，但我却有着10年的工作经验。在这10年时间里，我曾在12家公司任过职……”在这个男子还要继续说下去时，主考官马上插话说：“你的学历和职称都不高，这还不算是什么大问题，工作10年的经验应该收获不小，但是你在10年的时间内先后跳槽了12家公司，这可不是一种令企业欣赏的行为！”“您误会了，我没有跳过一次槽，是那12家公司由于经营不善先后倒闭了。”男子接过主考官的话说。

话音刚落，所有在场的人又都大笑起来。旁边的一个考生对那个男子说：“你曾就职12家企业，都先后倒闭了，你真算得上是一个地地道道的失败者了！”

这个男子听后也笑了，他说：“不，你弄错了，是那些公司的失败，而不是我个人的失败，因为在挽救那些公司的过程中，正是公司的那些失败积累成了我自己的财富。”

这时候，一直站在门口的那个老人走了进来，他上前给主考官倒了一杯茶。这个男子继续不紧不慢地说道：“我很了解这12家公司，在每一家个公司面临倒闭时，我都曾与同事们想尽办法去挽救，虽然最后没能成功，但我知道了公司之所以倒闭的原因，了解到了公司存在的错误及失败的每一个细节。不仅如此，我还从这些失败中学到了许多东西，这是其他人在没有倒闭过的公司无法学到的，即使在倒闭公司待过，如果不用心的话也得不到那些经验。大多数人只是追求成功的经验，但成功的经验大抵相似，容易模仿，所以没有什么实用价值。但是失败的原因各有不同，我又从那些不同的失败中吸取了很多知识和教训，所以我有能力和经验避免同样的错误与失败发生，这才是最重要的财富！”

男子说到这里，停顿了一会儿，他看了看那个倒水的老人接着说：“如果一个人用10年的时间去学习成功的经验，那么他几乎是一无所得，但如果用同样的时间去经历错误与失败，那么收获就会很大，所学的东西不但多，而且更加深刻。因为我们大家都知道，别人的成功经历很难成为我们的财富，但别人的失败过程，却能使我们引以为戒，给我们以警示，使我们的事业少走弯路。因而这些能成为自己的一笔财富。”

边上的人都听着男子说话，旁边的老人也没有出去，看样子好像比别人更加用心地听着。这个男子嘴里说着，身子开始离开了座位，他做出转身要出门的样子，但又忽然把头转回来继续说：“10年经历了12家公司，时间虽然有些长，但很值得。因为它不仅使我得到了经验，同时也培养并锻炼了我对人事和未来的敏锐洞察力！”他看着主考官继续说道，“举个小例子吧——今天真正的考官，不是您，”他把头转向了那个倒水的老头说，“而是这位倒茶的老人……”

这一下，在场的所有人都惊愕了，特别是前来应聘的6个人，他们不约而同地把目光转向了倒茶的那个老人。那个老人听到男子的话也有些惊诧，但他很快又恢复了镇静，笑着对男子说道：“很好！你所说的一切话我都听到了，没有问题，经理就是你了。但我很想知道，我的演技哪儿没有过关，你是如何知道我是真正的主考官的呢？”

老人所说的话表明自己确实就是这家大公司的老板。这时，这位第一轮就被淘汰的男子笑着回答说：“只是观察。”

这个面试者在与“假”主考官答话时，还能眼观六路、耳听八方，仅用余光就能从倒茶水老人的眼神、举止中看出他是企业的老板，这说明他是一个洞察力十分强的人，这也是一个人必不可少的能力。但这种功夫看似简单，实则不易，它不是一朝一夕就能够练出来的，而是需要注重生活中的每一个细节，长期进行观察，不断地训练和提高，最后积累而成的。

所有成功者的共同特点都是从小事做起，这些小事就是基础。基础准备好的人才会有机会，才能实现自己伟大的目标。所以，凡是不甘于平淡的人，都要认真做好每个细节，认真打好基础，这样实施下去，目标才会如期而至。其实，生活就是一种积累。人的一辈子其实也是在做准备，今天的忙碌就是为了明天的希望。

人是如此，沙漠中的骆驼也是这样，只不过对于人类来说这是一种智慧，而对于骆驼来说是一种本能。人也只有像骆驼穿越沙漠前那样，咽下足够的干草，做好穿越沙漠的准备，有足够的积累，在机遇来临时才能不至于失去机会。可悲的是这智慧并不是每个人都具有的。

行动上可以有激情，思维上一定要理性

人们做事时如果不从理性出发，只凭借一时的兴致，就很难持之以恒。凭一时感情冲动和兴致去做事的人，等到热度和兴致一过事情也就跟着停顿下来，这哪里是奋发上进的做法呢？从情感出发去领悟真理的人，也可能被感情所迷惑而难以全然领悟。

人要有激情，更要保持理性。激情要以理性为前提，只有理性的激情才能使我们做到火热而冷静、沸腾而清醒，使我们始终保持一种智慧状态，正确做事，无往不胜。

乔治在大学时就给自己做好了人生设计。他的计划是这样的：先在大学攻读技术与管理专业，毕业后进入政府机构锻炼人际交往能力，然后加盟小公司寻找实践机会，最后自己开办公司做老板。这一设计为乔治今后事业的成功画出了预定轨迹。

当他进入政府机构并晋升为美国海军总司令特别助理时，他毅然辞去这个让人羡慕的职务去一家小公司供职。他这样做，正是为了完成自己计划的第三步。

后来，乔治创建了自己的公司。在创业之初的头六个月，乔治把自己十年的积蓄用得一干二净，并且一连几个月都以办公室为家，因为他付不起房租。他也婉拒过无数的好工作，因为他要坚持实现自己的理想。他也

被拒绝过上百次，拒绝他的和欢迎他的顾客几乎一样多。

就在整整七年的艰苦挣扎中，谁也没有听他说过一句怨言，他反而说："我还在学习啊。这是一种无形的、捉摸不定的生意，竞争很激烈，实在不好做。但不管怎样，我还是要继续学下去。"他真的做到了，而且做得轰轰烈烈。

有一次朋友问他："把你折磨得疲惫不堪了吧？"他却说："没有啊！我并不觉得那很辛苦，反而觉得是受用无穷的经历。"

这就是他成功的秘密。理性，坚持，成功——这是获得辉煌成果的不可或缺的过程。所以，我们每天都应花一点点时间问一下自己的内心：你真正想要的是什么？什么才是你人生中最重要的？

人要有理性，就不能感情用事，因为人容易被自己的主观情绪迷惑。

有一次，孔子在陈、蔡两国之间的路上断了粮，跟随的弟子都饿得爬不起来了。他最得意的弟子颜回好不容易找到一点米便赶紧做饭。饭快熟的时候，孔子看到颜回从锅里抓了一把饭送入口中。等到颜回请孔子吃饭时，孔子假装说："我刚才梦见了父亲。我想用这干净的饭来祭祀他。"颜回忙说："不行，不行，这饭不干净，刚才烧饭时有些烟尘掉到锅里，我觉得弃之可惜，便抓来吃掉了。"孔子这才知道颜回没有偷吃，心中不由得感慨万分。

生活中许许多多的例子告诉我们这样一句话：你看见有人握着你的自行车车把，也许你会以为他是小偷，其实，他只是把倒在地上的你的车扶起来；你看见有人拿着你找不着的钱包，也许你会以为他是小偷，其实，他正是帮你追回钱包的勇士；你看见有人为你送来鲜花，也许你会以为他在祝贺你成功，其实，他就是一路对你使绊子让你几次跌倒的人……

你亲眼看到的未必是真的，那么，你听到的呢？它的真实性就更值得怀疑了。基于这一点，先知们又给了我们许许多多的真理：什么“旁观者清，当局者迷”，什么遇事要“三思而后行”……

遇到任何事都不可感情用事，要冷静地对待，要做细致、充分、全面的调查分析，这样你的决定才不会太武断，尽可能地避免失误！

第五章　你不能一个人战斗，要有共赢思维

俗话说：一个好汉三个帮。单打独斗不再是赢家的思维观念，真正的大赢家一定是懂得合作的人。合作的过程，就是一个互助的过程。有了共赢的理念，懂得合作的原则，你就有可能成为笑到最后的那个人。

创造神话的，不是一个人，而是一群人

生活中需要有合作精神，商业上更是如此。某大学的一位教授曾指出：成功者的特征有千千万万，但总有一些相同之处。比如，成功者能够较清晰地认识自我和他人的关系，了解个人在集体中的地位和角色，并善于从他人的角度考虑问题，所以受到人们的欢迎。他们不仅与同伴合作密切，与父母和老师也愉快相处。由此可见，团结协作是许多成功人士的共同特性。

的确，我们中的每一个人都不可能孤立地生活在这个世界上，我们需要生活在人群中。这就需要与人交往、与人协作，不能团结协作的人，是无法面对日益激烈的竞争的。

中关村在中国乃至世界都是一个非常响亮的名字。因为中关村是一个象征，她象征着中国的信息产业，象征着高科技、先进的管理、激烈的国际竞争以及迅速积累的财富；中关村是一个传奇，从1984年到1998年，中国最杰出的知识分子在中关村闯天下，创下了一年销售逾千亿元的经济奇迹；在与IBM（国际知名工厂公司）、微软等超级巨头的对抗中，中关村越来越强大。

而这些神话的书写者，正是那些被人们称为“知识英雄”的人：他们来自北大，或来自清华，或来自社会，也有归国学子他们不仅拥有知识，而且非常善于运用知识去创造奇迹。

那么他们成功的秘诀是什么呢？在今天，面对辉煌，他们有一种共同的感受，那就是：团结协作，围绕一个目标去做事，如此才能成功。

我们可以看一看这些人说过的话：

王选（北大方正技术研究院院长、方正香港有限公司董事局主席）：

"软件开发是一个集体性的劳动，人才必须组织起来，围绕一个目标，才有价值。"

"中国不缺少有才华的年轻人，而是缺少团结合作的精神。"

"现在的情形是，中国人只有到了国外，到了硅谷，受外国老板指挥才能把才华发挥出来。中国人难道只能由外国人指挥？中国人难道不能指挥中国人？"

王荣之（同创公司总裁）：

"同创在做一个木盆。我们没有更多的条件、更多的长板，我们都很笨，但我们勤劳，很团结。我们在一起做一个大木盆，虽然每块木板都很短，但合起来直径很大，盛的水自然比木桶多。"

"木盆难做，难在所需的木板多，难在形成合力，精诚团结；过去大家把同创认为是一个名词，现在大家都意识到了，同创的意思就是一帮短板子合在一起，盛更多的水。"

许志平（师腾公司总经理）：

"我们总以为聪明人凑在一起，肯定会更聪明。其实，一群聪明人凑在一起，还不如一个傻子加一个聪明人凑在一起呢。因为，聪明人都坚持人人平等，坚持都是革命同志，我凭什么听你的，这样一来，不但没有形成合力，反而会造成很大的内耗。"

张旋龙（方正香港上市公司总裁兼执行董事）：

"我认为与他人合作有两个要领：一是不要等到人家成功了再去和人

家谈合作；二是自己不懂，要相信别人。我完全相信王选的技术。自己不懂又不相信人家，那还能做什么？很多领导不懂，又不愿意相信别人，肯定不行。”

可见，这些成功人士已把合作当成了成功的重要手段。也许有人会说，科学的高度分化和交叉是需要科学家密切协作的，而在社会领域则不需要。其实这是错误的想法。无数企业家的成功案例都证明合作精神、善于用人、团结人是至关重要的。

一项对大亚湾健风集团与美国、日本和东南亚等国家和地区的大企业家共82人的调查表明，他们当中没有一个是寡头企业家。他们的财富是由人创造的，他们十分重视合作，重视对人才的培养和任用，尽管用人的原则、方式差异很大。他们今日的成功，已经充分地证明了团结协作的重要性。

俗话说：众人拾柴火焰高。作为新时代的我们，只有培养自己的合作思维，才能让自己的行动更有力、更高效。

要拿出自己的诚意，还要相信对方的诚意

人在行动的任何环节都需要与他人合作，如果他人乐意为你效劳，这里面必定包含着信任。因为只有信任对方，才能放心地与对方合作。而确定一个人是否值得信任，又往往要看他的诚意。所以在你渴望合作的时候，不仅要拿出自己的诚意，还要相信对方的诚意，这样才能赢得他人的信任。

20世纪80年代，日本富士现代办公用品公司决定进入东南亚市场，为此进行了周密的市场调查和准备。一切准备就绪后，公司派藤野先生为业务代表，赴东南亚某国签订代理合同。

富士公司在该国物色的合作伙伴是泰恒公司，这是一家办公用品经销商，在当地有一定实力，此前，双方已经进行过多次洽谈，泰恒公司对复印机产品也十分看好，认为国内经济的迅猛发展，新公司大量成立为复印机市场提供了强有力的支撑，只要订立购销代理合同，泰恒公司将取得富士产品的独家代理权。

当雄心勃勃的藤野先生走下飞机时，他惊讶地发现，泰恒公司并没有如约派人来接他，他心里不由得犯起了嘀咕：难道对方工作疏忽，记错了日子？可两家公司签约这么大的事怎么能忘记呢？藤野先生自我安慰说，也许是车子在路上抛锚了吧？一种不祥的预感油然而生。藤野先生在商海

中摸爬滚打数十年，开发过不少新市场，接触过形形色色的合作者，直觉告诉他，事情可能有变。他来不及细细思考，叫了辆出租车匆匆赶往泰恒公司，想尽快弄个水落石出，找到问题的答案。

当心急火燎的藤野赶到泰恒公司，对方冷冷地说："对不起，藤野先生，我公司已有新的打算，不准备签订这项合同了，很遗憾。"面对这迎面而来的打击，藤野先生黯然神伤。想到临行前公司的嘱托，藤野先生果断决定，不能再沮丧、抱怨下去了，唯有冷静头脑，振奋精神，查清事实真相才能解决这个问题。

藤野先生马上向总部进行汇报，经过调查发现，原来，国内另一家复印机厂商从中作梗，说富士公司向来与人合作没有诚意，并表示愿意向泰恒公司提供性能更优越、价格更低的另外一种型号的复印机，于是泰恒公司改变初衷，放弃了同富士公司的合作。

为了表示自己的诚意，第二天，藤野先生再次出现在泰恒公司，他直截了当地对公司老板说："您好，总经理阁下，您要相信我们的诚意，就像我们相信您的合作诚意一样。敝公司同样也可以提供那种型号的产品。"

"哦！"对方惊讶地看了藤野一眼，没有表态。藤野诚恳地说："而且，我们的供货价格将会低百分之三十，你觉得如何呢？"泰恒公司很满意，同藤野签订了进货合同，富士公司的产品终于进入了东南亚市场。

信任是合作的前提，只有相信对方的诚意，才不会受其他因素的干扰，而失去合作机会。所以在合作中要彼此信任，只有这样，才能成就未来的辉煌。

合作，其实就是一个互助的过程

历史已跨入21世纪，随着人类的不断发展，人们越来越需要合作精神，在共同的大目标下努力把事情做好。虽然我们生活在一个靠竞争取胜的社会，但社会需要的不是你死我活的争斗。竞争，但不是相互残杀，而是共同发展。只有这样，我们的社会才能进步，我们的国家才有希望，我们中的每一个人才能得到更好的发展。北大的一位教授说："企业需要发展，不能单靠某个人，只有依靠集体，个人才能创造出成绩。"不仅企业如此，我们生活中的绝大多数事情都离不开合作，像足球赛、篮球赛、排球赛等各种比赛项目，都要求队员们保持良好的协作。音乐伴奏也是如此，只有配合默契，方能奏出优美的乐曲。

合作，其实就是一个互助的过程。你帮助我，我也会帮助你，于是大家共同奋斗，共同进步。卢梭说："天底下只有一个办法可以影响别人，那就是看到别人的需要，然后热情地帮助别人，满足他们的需要。"只有设法让更多的人帮助你，你才能一步一步地走向期待已久的终点。

在2000年的悉尼奥运会上，一对姊妹花——葛菲和顾俊，曾经被誉为世界羽坛女子双打的"无敌组合"。她们一个腼腆，一个活泼；一个沉静，一个好动。性格差异如此之大的两个人，却成为一对"黄金搭档"。

也许正是迥然不同的性格使顾俊和葛菲走到了一起。刚进江苏队时，葛菲不爱说话，见谁怕谁。顾俊则大大咧咧，爱开玩笑。葛菲睡着了，顾俊在她脸上画圈；葛菲洗澡时，顾俊将她的衣服“偷走”。葛菲对这些“捉弄”格外宽容，不仅不生气，还在各方面照顾顾俊。顾俊没请假就偷偷跑回家，被关了“禁闭”，葛菲一声不响地蹲在一旁陪她，吃饭时，还从食堂悄悄地买回两个馒头给她。省队的教练看到她俩一动一静、一快一稳如此投缘，灵机一动，就让她们配对打双打。

正当她们的技术日臻完善时，葛菲的父亲去世了，葛菲想挂拍退役与母亲做伴，谁也劝不住。顾俊急了：“你半途而废回去，你爸爸在九泉之下也不会原谅你。”葛菲终于留了下来。顾俊天天陪着葛菲，以自己的活泼和开朗使她逐渐从悲痛中摆脱出来。

当然，这对“黄金搭档”也有闹别扭的时候，有时在训练中你急我嚷谁也不理谁。但是经过几天的冷战，终于谁也顶不住了，饭桌上你帮我盛饭，我帮你端菜，不好意思地相视一笑，就和好了。

顾俊说：“训练中产生矛盾是难免的，但我们都是希望把球打好，矛盾很快就消除了。”葛菲说：“我们10多年来打球、生活都在一起，彼此间已形成一种默契，有时赛场上一个眼神、一个手势就能代表全部。”

正是凭着这种心有灵犀的合作，两人才能在一次次的比赛中取得优异成绩，直至登上奥运会的最高领奖台。2001年第九届全国运动会后，顾俊和葛菲退役，两人均荣获国家“体育运动荣誉奖章”。

从葛菲、顾俊的故事中，我们可以看出，正是她们在生活上、事业上相互鼓励和帮助，才成就了她们的冠军梦。在现代社会里也一样，可以独立完成的工作几乎是没有的。随着科技的迅猛发展，越来越多的工作是单个人所不能胜任的，因此，团结互助已成为大多数成功人士的做事法则。

麦当劳公司的创始人克洛克曾经说过这样的话：“世上没有任何东西能取代团队的力量——才华不能，有才能而失败的人比比皆是；天才不能，才华横溢又毫无进取之心的人不胜枚举；单靠教育不能，受过教育但潦倒终生的人随处可见。唯有团结互助者才能无所不能，最终获得成功。”

可见，在我们行动的过程中，要学会欣赏他人，和他人和谐共处，互相帮助，共同努力，这样才能让自己的行动获得成功。

合伙人选对了，所做的事就成了

双方合作，往往能够使一些难以完成的目标得以实现，使一些企业的成长速度由缓慢变得迅速。合作，有助于你的行动更迅速、更高效，但这并不是说要你毫无戒备地与人合作，相反的，慎重地选择合伙人，才能使合作充分体现出它的价值。

在合作的过程中，常常会出现合伙人之间意见不统一，各行其是，遇事没有大局观念，甚至一有利益就往个人怀里扒的现象。一般来说，这样的合作伙伴会给双方造成损失，从而使投资出现失误，甚至导致合伙公司彻底失败。

在我国市场经济大潮中崛起的“帝王”酒，于1996年、1997年短短的两年时间便在中国酒类市场上异军突起、大红大紫，年销售额由500万元猛增至5亿元，成为商海中升起的一颗新星，令人瞠目，令人兴奋。可两年后，“帝王”酒却突然偃旗息鼓，几近消逝。其原因就是合伙人之间闹矛盾。

1995年春节，某糖酒公司总经理林卫平在一次经济工作会议上与帝王酒厂的张科相识，两人一见如故。之后，在酒桌上订下合作协议，共同投资成立帝王酒业有限公司，林卫平任董事长、总经理，张科任副总经理。公司的任务是销售帝王系列酒，酒厂则按公司的要求组织生产，以出厂价售予公司，自负盈亏。

公司成立之后，林卫平请来策划专家，提出了一年打品牌，两年拓市场，三年见成效的目标，猛烈地砍了三板斧：产品定位——最高级，从酒到酒瓶、酒盒都达到顶级；专家制酒——请出中国名酒协会、中国白酒鉴定委员会专家做技术总监；广告轰炸——投入1000万元到中央电视台打广告，广告语为“帝王风范，极品至尊”。

“帝王”本身具有极大的隐性市场价值、极高的商业品位和极厚的文化底蕴，经林卫平这样一包装，使它长期被湮没的无形资产一下子得以开发、延长和提升。当年的业务额就有1亿多元，业绩直逼“秦池”。

然而这却正应了那句俗语：“合久必分。”帝王酒业有限公司出了效益，而且比预计的多好几倍，心里便打上了自己的小算盘。以林卫平为首的“公司派”想借此机会把战略重点转到省城，并进一步将产品做成名牌。而张科及县里的领导想逐步摆脱公司的控制，他们甚至认为当初他们自己就能做好帝王酒，根本就不应该请别人来合作，于是帝王酒业有限公司就开始出现了一个公司、两个管理集团、两种销售方式，甚至同一种酒走在市场上会出现两种价格的现象。

而就在帝王酒业有限公司内讧时，其他竞争对手开始崛起，甚至有一些假冒伪劣产品出现，于是帝王酒业有限公司在内讧中消失了。双方的投资都受到巨大的损失。

从帝王酒失败的例子可以看出，选择合作伙伴事关公司的成与败。所以，一定要慎重慎重再慎重。同时在合作的过程中要与对方多沟通，尽量避免矛盾的发生。如果对方已不再有合作的诚意，就该快刀斩乱麻，果断分家，以免最后弄得像帝王酒业一样两败俱伤。

最佳的合作伙伴就是优势互补的人

从前，有两个饥饿的人遇到了一位长者。长者给了他们两样东西：一根鱼竿和一篓鲜活硕大的鱼，任选其一。

一个人要了一篓鱼，另一个人要了一根鱼竿，于是他们分道扬镳了。

得到鱼的人原地用干柴搭起篝火烤起了鱼，他狼吞虎咽，还没有品出鲜鱼的肉香就把鱼吃完了。不久，他便饿死在空空的鱼篓旁。另一个人则继续忍饥挨饿，提着鱼竿一步步艰难地向海边走去。可当他看到不远处那片蔚蓝色的海洋时，一点力气也使完了，只能带着遗憾撒手人寰。

后来，又有两个饥饿的人，他们同样得到了长者恩赐的一根鱼竿和一篓鱼。只是他们没有像前面那两个人一样各奔东西，而是商定共同去找寻大海。他俩每次只烤一条鱼，经过长途跋涉，终于来到了海边。从此，两人开始了以合作捕鱼为生的日子。几年后，他们都过上了幸福安康的生活。

其实，人之所以需要合作，首先是因为个人的能力有限，其次是因为个人的能力倾向与其他人不同。而合作，恰好是弥补这一缺憾的最好方法。

如果说雅虎的成功是个偶然，那雅虎的创办人杨致远和大卫·费罗的结合就是使这一偶然得以实现的助推器。因为正是他们两个人之间近乎完美的合作，才使得他们在创业的过程中能够发挥自己的特长，各尽其能，各司其职。

杨致远出生在中国台湾，两岁时父亲去世。他和弟弟由母亲抚养长大，母亲是英文和戏剧教授。杨致远学习不算勤奋，甚至有点懒，但成绩却相当优秀。1990年，他以优异的成绩考进了美国斯坦福大学，只花了四年就攻读了学士、硕士学位。毕业时觉得自己还欠成熟，就留校从事研究工作。正好，大卫·费罗也留校从事研究工作。两人的邂逅和结交无疑成为雅虎成功的关键因素。

杨致远和费罗是旧识。费罗1988年毕业于杜兰大学，而且曾当过杨致远的助教。一向全拿“A”的杨致远在费罗的判官笔下却只得了“B”。对此杨致远至今还发牢骚。后来两人同班听课，还在作业方面开展合作。以此为起点，两人成了最佳搭档。费罗内秀，喜沉思，而杨致远活跃，是社团中的领袖。费罗善于在屏幕上整理资料，有一种“只要在终端前，就能统治全世界”的感觉。费罗的实验室像个被暴风肆虐过的地方。而杨致远的住所比较干净，但在电脑的操作上，却没有费罗有规划。两人的实验室相邻。不久，他俩同去了日本。在那里两人都成了外国人，友谊与日俱增。

回到斯坦福，两人在一辆学校拖车上成立了一间小型办公室。两人都想建立自己喜欢的网站名单，后又决定集合起来，由此形成了“致远万维网导航”。网站越来越多，两人就一一分类。当每个目录都容不下时，再细分成子目录。这种核心方式至今仍是雅虎的传统。

不久，网站吸引来了许多用户。人们纷纷反馈信息，还附上建设性意见，使内容更加完善。到1994年冬，两人忙得连吃饭、睡觉都成了奢侈，学业也扔在了一边。他们开始着手网站的商品化。

当时，网上有许多竞争者，但他们都靠软件自动搜索，虽范围广泛，但不准确。而雅虎则纯粹是手工制品，搜索准确，更加实用。实际上到1994年底，雅虎已成为搜索引擎的领导者。

1995年上半年，两人与好几家风险投资公司接触。此时，他们的网站已是世界上访问率最高的网站。最后是曾投资过许多国际知名大公司的“美洲杉（Sequoia Capital）”慧眼识英雄，在他们骄人的业绩上又添加了雅虎。

1995年4月，在“美洲杉”资助下，他们成立了自己的公司，资产约400万美元。

两人的传奇故事成了最好的公关素材。他们在杂志封面和电视上不断曝光，使他们在网络之外仍能接触到他们的用户，同时还传达出公司年轻、幽默和不断创新的良好形象。他们以自我形象建立了他们的企业——雅虎。

杨致远表示：“将原本是技术性、电脑狂的世界和大众媒体结合在了一起，我认为费罗和我及我们的工作小组是第一批将两者结合在一起的人。”

而对于费罗和杨致远的组合，他们却说：“当我们创业时，就知道我们两人中谁也不会当CEO，我们知道两人谁也不会听对方的，因此我们得由第三方来仲裁。”但这并不影响他们合作的效率。他们找了一个职业CEO Tim Koogle（蒂姆·库格），他也是斯坦福的校友。他来主持管理事务，费罗和杨致远则专注于研发。后来，费罗负责技术开发，杨致远负责对外公关。

三人协同配合，雅虎公司在网络经济时代风云一时，公司上市后，三人也一起跨入了富豪的行列。

中国有句古话说：“兄弟齐心，其利断金。”把这句话用在杨致远等人身上，是再合适不过的了。如果起初没有杨致远与费罗的配合，就不可能有雅虎，如果没有后来三个人的配合，也就不会有雅虎的发展。所以说，善于与他人合作，你才能取得更大的成功。

不要忽视了团结的力量，不要把自己置于孤立的境地

一个篱笆三个桩，一条好汉三个帮。我们生活在以人为本的社会里，一个人是不可能做什么大事的。无论做什么事，只有团结起来，才是明智之举。不但中国近代历史给了我们这种启示，就是千百年来民间最淳朴的教育理念也无不体现着这种道理：一双筷子很容易被折断，十双筷子就会牢牢抱成一团。只有团结，才更有力量。

对于这一点，温州商人似乎领悟得最深。温州人经商时从不吃独食，往往以一人带一家，一家带一姓，一姓带一村，一村带一镇，一镇带一县，进而形成规模大、协作好、分工细、效率高、竞争力强的“小狗”经济。散居在全国各地的温州人，哪怕只有三个人在一起，也能形成合力，团结互助，共同赚钱。

他们在异乡抱团聚居的流程大体是这样的：一位温州人或一个温州家庭漫游到某地，一旦立稳脚跟且发现当地有商机闪动，就会很快地向自己的血缘亲属或非血缘的同乡发出类似的信息：“此处钱多、速来！”于是一发不可收拾，一传十、十传百，团队像雪球般迅速越滚越大。

南至三亚，北到漠河，西抵拉萨，东临青岛，到处可见温州人的踪迹。最初，他们以手工为主要的谋生手段，如理发、补鞋、裁缝，一个个

散兵游勇燕子般地南来北往。后来，他们发现各地时常会出台一些扶植政策，就纷纷开辟新的商场或商品集散地。

每到这时，温州人就从家乡搬来源源不断的经商“兵勇”，散兵游勇们聚到一起，就形成了万众一心的，由此集中强大“兵力”攻下一个市场，然后安营扎寨，守住阵地，除非是市场衰落，否则绝不后撤。

1986年，中国轻工总会曾经陆续收到一些城市的投诉，惊称全国的羊毛衫价格被一群温州农民垄断了，总会遂派专人赶赴各地暗访。不访不知道，市场现状让专家们大吃一惊。原来国内各大城市的大中型商场已有一半左右的羊毛衫柜台被温州商贩租赁、承包了。温州人的一举一动，足以让市场波澜横生。

如此的团队精神，使得其他商人想与温州商人正面交锋的话，就会陷入“人民战争”的汪洋大海之中。好多地方本地的商家都无法与外来的温州商人抗争，其主要原因也在于此。

就是这种抱团打天下的团队精神，使得温州商人到了哪里，都可谓战无不胜。从最初的“扎堆”版本升级到现在的“团队”版本，使得温州人在商业活动中如虎添翼。对此，一北方商人深有感触地说：我们是用手指和他们的拳头在打架，焉能不败？

从温州人的身上我们不难看出，团结的力量是巨大的，所以我们一定不要忽视了团结的力量，不要把自己置于孤立的境地。要知道，每个人的能力都有一定限度，善于与人合作的人才能够弥补自己能力的不足，达到自己原本达不到的目的。

具有团队精神的人更加容易得到成功的机会

如果一个人没有合作精神，就可能进不了一些自己梦寐以求的优秀公司，即使侥幸进了，光凭自己单打独斗，也不会取得好成绩。应该学会合作，互相借势发挥，从而形成全面的优势，使团队获得成功，也使个人获得成功。

法国斯伦贝谢公司曾经在北京大学召开过一场别开生面的招聘会。面试官先将10名应聘者分成两个小组，假设他们要乘船去南极，然后要求这两个小组的成员在限定的时间内提出各自的造船方案并且做出船的模型。在这个过程中，面试官则根据应聘者对于造船方案的商讨、陈述和每个人在与本小组其他成员合作制作模型过程中的表现进行打分，以选择合适的人才。斯伦贝谢公司是一家从事石油勘探以及原油开采、加工设备销售等方面业务的大型跨国公司。在谈及这次面试时，斯伦贝谢公司人力资源部负责人说，运用这种方式的最大目的就是想了解应聘者是否具有团队协作的精神。

斯伦贝谢公司面试官说："在当今社会里，企业分工越来越细，任何人都不可能独立完成所有的工作，他所能实现的仅仅是企业整体目标的一小部分。因此，团队精神日益成为企业的一个重要文化因素。它要求企业分工合理，将每个员工放在正确的位置上，使他能够最大限度地发挥自己的才能，同时又辅以相应的机制，使所有员工形成一个有机的整体，为实现企业的目标而奋斗。对于员工而言，它要求员工在具备扎实的专业知识、敏锐的创新意识和较强的工作技能之外，还要善于与人沟通，尊重别人，懂得以恰当的方式同别人合作，学会领导别人与被别人领导。”

那些善于与人合作、具有团队精神的人往往更加容易得到成功的机会。很多公司认为，员工的团队合作精神是所有技能中最为重要的一种，如果每一位员工都具备团队合作精神，企业不仅可以在短期内取得较大的效益，而且从长远来说也十分有利于企业的发展。当然，团队合作精神对企业的推动作用也已经在很多企业中得到了充分的证明。

丰田、通用、沃尔玛是世界上最早推崇团队合作精神的企业，对团队精神的关注使它们得以迅速壮大，实现了企业整体绩效的提升，而且使企业具备了永续发展的能力。此后，惠普、摩托罗拉、苹果等企业也纷纷将团队精神置于重要地位，并取得了显著的效果。微软Windows 2000的推出就是一个典型的例子。这一视窗系统有3000多名软件工程师参与编程开发和测试，如果没有高度统一的团队精神，没有全部参与者的分工合作，这项工程是根本不可能完成的。如今，在很多企业中，团队精神已经成为最重要的价值观和理念，并成为晋升的重要指标。

一个精力旺盛的人，往往误认为没有自己做不了的事，实际上，精力再充沛，个人的能力是有限度的。超过这个限度，就是人力所不能及的，也就是个人的短处，所以合作就显得非常重要。每个人都有自己的长处，同时也有自己的不足，因此需要与人合作，用他人之长补自己之短。养成良好的合作习惯，才会更好地完善自己、发展自己。

要善于与自己不喜欢的人合作

当今社会越来越强调团队合作的重要性，因为很多企业的成功经验或失败教训都表明，团队的凝聚力决定了其战斗力。但是在合作的过程中，每个人又都是有感情色彩的，也都会遇到自己不喜欢或不喜欢自己的人。和不喜欢的人合作，即使对一个成功人士来说，这也有很大的挑战性。不过，如果能从大局考虑，放下个人恩怨，恰当地与不喜欢的人合作，也是一种至高的人生境界。

众所周知，微软造就了无数的百万富翁，但是这些百万富翁并没有因为经济的改善而离开微软，而是依然“死心塌地”地在各自的岗位上奋斗，即使每周要承受60个小时的高强度工作也不改初衷、毫无怨言。也许在很多人看来，这很不可思议，但事实确实如此。这究竟是为什么？答案只有一个，那就是，微软的团队使命为这些百万富翁们所深深认同，并因此而具备完全超越自我的团体意识。他们已经把自己与微软绑在了一起，并将其作为了展示自我价值的最好舞台。也正是这种强烈的团队精神，才使微软在市场竞争中不断壮大。

正如比尔·盖茨所说：“微软公司所形成的氛围是，你不但拥有整个公司的全部资源，同时还拥有一个能使自己大显身手、发挥重要作用的小而精的班级或部门。每一个人都有自己的主见，而能使这些主见变成现实的则是微软这个团队。我们的策略是，聘用有活力、具有创新精神的顶尖人才，然后把权力和责任连同资源（人、财、物）一并委托给他们，以便使他们出色地完成任务。”

与人合作，增强自己的团队合作精神，必须善于与人交流。面对不同的想法，交流是协调的最佳方式。人还要平等友善，即使你各方面都很优秀，即使你认为自己以一个人的力量就能解决眼前的工作，也不要显得太张狂，因为以后你肯定会有显得弱势，需要帮助的时候。你要积极乐观，即使遇上了十分麻烦的事，也要对你的伙伴们说：“我们是最优秀的，肯定会把这件事解决好。”当然，也要学会虚心接受批评，这样才不会遭到周围人的孤立。

当你被迫与不喜欢的人合作时，要注意以下几点：

1. 要学会忍让宽容。

宁可自己受些委屈或吃点亏，也不要为小事与对方争得脸红脖子粗，甚至头破血流。真的能够宽容自然更好，实在做不到，也要做到适当地忍让。这样自己会变得更愉快些，否则，在一个团队内要互相接触，实在会很别扭，自己很不舒服。总是想着对方怎么不先理解我呢，这种想法更不足取，这只能给自己添堵，因为总要有人先主动退让一步。

2. 要主动接受对方。

你可以伸出友好的手，主动和对方打招呼，这就有可能化解对方原来可能怀有的对你的戒备心或敌意。主动地去沟通，你很客气地提出的一些问题，他们就可能会加以注意和改进。不喜欢一定是有原因的，有些原因可能是由误解和偏见造成的，主动沟通，就没有什么解决不了的问题，哪怕不能从根本解决问题。主动沟通至少能对合作起积极正面的作用。

3．要把你想象成对方。

站在对方的角度考虑问题，就可能体会到对方的想法，从而修正自己的一些不正确的做法。这样有助于双方关系的改善。每个人在世界上都是唯一的独特的个体，没有完全相同的两个人，能站到不喜欢的人的角度考虑问题，渐渐地也就会理解自己不喜欢的一些行为和言语了。

4．要接受他人的独特个性。

不要妄图改变人人都有其个性这个事实，接受对方的本来面目，对方也会尊重你的本来面目。切忌强迫别人接受你的观念。

缺少合作的态度，生活就会产生麻烦

在生活与工作中，经常会看见这样的现象：有些人为了一些小纠纷，没完没了地纠缠、争斗。其实，纠纷的起因往往是人们没有互利互惠的合作精神。假如一开始人们就注意到这一点，工作就会有效率得多，生活也会愉快得多。

一谈起合作，你第一个想到的可能是商业上的合作，因为这种利益上的互补给我们的印象极深。但事实上，生活中也需要合作。合作是一种精神，一种态度；合作是一种处世之道，是一种解决问题的方法，而且是最有效的方法。

每年我们都可以看见大雁以V字形南北来回飞，你知道它们为什么要排成“V”字形吗？就是因为它们懂得合作。每一只大雁在振翅飞行时，都会激荡起周围的空气，而这对于紧跟在它后面的同伴是非常有利的，能够帮同伴节省力量。因此，大雁总是排成一长队，彼此借力。但是，为首的大雁因为前面没有同伴就无法借力，于是，它们便定期变换领头雁，以此形成互惠互利的合作局面。据科学测算，相同时间内成群的大雁以V字形飞行，比一只大雁单独飞行能多飞20%的距离。

跟大雁一样，一群人为了达到某一个特定的目标，也需要合作，这样，社会中的各种组织就产生了。现在，随着科技的发展，社会化分工越来越细，于是，工作上我们需要与人合作，没有合作，便没有效益。

合作体现出一种友爱精神，因此家庭需要合作，夫妻之间、父子之间、兄弟姐妹之间都需要有合作精神。

有一对夫妻去办离婚手续，理由很简单：男的是教师，嗜烟，而他在批改作业的时候必须抽烟，女的不习惯；女的是素食主义者，于是家里常年不知肉味，男的又受不了。总之一句话，他们合不来，于是只能离婚。

合作是一种友善精神，它是友善、温和的，因而常常能营造一个良好的氛围。

有一位公司的老板，当他的公司财源茂盛时，他的汽车压死了邻居家的小鸡，他的狼狗对着邻居家的孩子露着可怕的獠牙，修房子时把建材堆在邻居家门口。对于这一切，他都不屑一顾，渐渐地，他在邻居中失去了人缘。

后来，他的公司因资金周转不灵而歇业，他陷入了经济危机，于是他变了：邻居相遇时脸上有了笑容，他的下巴收起来了，他家的狗也拴上了链子，他还经常摸一摸邻居家孩子的头顶。可是，他仍然没有什么人缘。

一天，他偶然跟一位牧师闲谈，谈到人间恩怨，那位牧师随口说："人在失意的时候得罪了人，可以在得意的时候弥补；在得意的时候得罪了人，却不能在失意的时候弥补。"听了这一席话，他若有所悟。

于是，他不再整天想着去讨好别人，而是专心改善公司的业务。终于，公司又正常运转起来，他又有汽车可坐了，不过，他的汽车从此不再按喇叭叫门，并且在雨天减速慢行，防止车轮把积水溅到邻居身上。他的下巴仍然收起，仍然有时伸手摸一摸孩子的头顶。

后来，他搬家了，全体邻居依依不舍地送到公路上，用非常真诚的声音对他喊：“再见，记着常来玩。”

由此可见，缺少合作精神，邻里之间就不能好好相处，给生活带来烦恼。

合作精神会感染人，它就像生活中的润滑剂，使许多小摩擦、小矛盾消失于无形。如果生活中失去了这一点，人们就会变得纷纷攘攘，矛盾丛生，整天不得安宁。

第六章　转变惯性思维，保持创新态度

没有创新意识，就没有崭新的未来。一个国家、一个民族的振兴都需要她的每一个儿女给她提供新的进步力量，而个人的进步也需要有不一样的思维理念。思维是有力量的，只要你敢于改变，你就是下一个创造奇迹的人。

我们不是输给了不思考，而是输给了惯性思维

英国一家报纸举办了一项有高额奖金的征答活动。题目是：在一个充气不足的热气球上，载着三位关系人类兴亡的科学家，热气球即将坠毁，必须丢出一个人减轻载重。三个人中，一位是环保专家，他的研究可拯救无数生命因环境污染而濒临死亡的生命；一位是原子专家，他有能力防止全球性的原子战争，使地球免遭毁灭；另一位是粮食专家，他能够使不毛之地长出谷物，让数以亿计的人脱离饥饿。

因为征答活动的奖金十分丰厚，读者们纷纷寄来信件参与活动。他们的答案众说不一，有的甚至很仔细地对三位科学家的贡献做了分析权衡。可是，让人们想不到的是，巨额奖金的得主却是一个小男孩。而这个小男孩的答案是——把最胖的科学家丢出去。

复杂的不是问题，而是看问题的眼睛。人们在考虑问题时，总是把自己生平所有积累的经验和知识加进去，殊不知，这不仅是一个人的思维惯性，而且也是阻碍我们成功的包袱。

当我们面对难以解开的局面时，只有突破定式，打破常规，以超常思维来解决问题，才能解决许多用常规思维不能解决的问题。

多年以前，丰田公司发现，世界上有许多人想购买奔驰车，但由于定

价太高而无法实现。于是，丰田公司的工程师放手开发凌志汽车。

丰田公司在美国宣传凌志时，将其图片和奔驰并列在一起，用大标题写道：用36000美元就可以买到价值73000美元的汽车，这在历史上还是第一次。经销商列出了潜在的顾客名单，并送给他们精美的礼盒，内装展现凌志汽车性能的录像带。

录像带中有这样一段内容：一位工程师分别将一杯水放在奔驰和凌志的发动机盖上，当汽车发动时，奔驰车上的水晃动起来，而凌志车上的水却没有动，这说明凌志车行驶时更平稳。一般来说，面对这一突如其来的挑战，奔驰公司似乎应该不得不重新考虑定价策略。

但出人意料的是，奔驰公司并没有采取跟随降价的办法，而是提高了自己的价格。对此，奔驰公司的解释只有一句话：奔驰是富裕家庭的车，和凌志不在同一档次。奔驰公司认为，如果降价，就等于承认自己定价过高，虽然一时可以争取到一定的市场份额，但会失去市场忠诚度，消费者会转向定价更低的公司；如果保持价格不变，其销售额也会不断下降；只有提高价格，增加更多的保证和服务，例如免费维修6年，才可以巩固奔驰原有的地位。就这样，奔驰公司不是墨守成规，而是以超常的思维和手段，化被动为主动，摆脱了来自凌志的挑战。

其实，无论在任何方面，我们都可以出其不意、另辟蹊径地解决问题。我们迫切需要打败固有的观念和思维方式，如果能跳出条条框框，多一分感性想象，多一分理性假设，往往会取得意想不到的好结果。

光有勤劳是不够的，还要有思维的力量

1840年，有一个叫亨特的法国青年爱上了一个中产阶级家庭的姑娘玛格丽特。他诚恳地上门求婚，请求玛格丽特的父亲把女儿嫁给他。

但是，玛格丽特的父亲不想把自己的女儿嫁给这个穷小子，于是答复他说："如果你在十天内能够赚到一千美元，我就同意你们两人的婚事。"

亨特回家后，陷入了深深的苦恼中，一千美元对于他来说简直是个天文数字。但为了钟爱的玛格丽特，也为了争一口气，让玛格丽特的父亲不再小看自己，他冥思苦想，决定搞一个发明创造，然后将专利卖掉，尽快在十天内赚到这一千美元。

但是究竟设计什么呢？亨特废寝忘食地寻找目标，并绞尽脑汁地去尝试。爱情和自尊的力量使他很快选准了目标：人们在欢庆的场合，都习惯用大头针在衣服的前襟上别一朵花，可是大头针很不安全，经常把人的手或是身体扎破，有时还会自己脱落。于是，亨特产生了灵感——如果将铁丝多折几道，再把口做成可以封住的，不就成了既方便又安全的戴花别针了吗？他剪下两米左右的铁丝试做，反复试验，终于设计出了现在使用的曲别针的雏形。大功告成之后，亨特飞奔到专利局，申请了专利。

很快，一个消息灵通的制造商问亨特："你这个发明专利要多

少钱？”

亨特一心只想把玛格丽特娶到手，便毫不犹豫地回答：“一千美元。”

一拍即合，制造商当场就和他达成交易。

亨特拿着一千美元的支票跑到了玛格丽特家。玛格丽特的父亲听完亨特的赚钱经过后，先是笑了一下，随即骂道：“你这个笨蛋！”原来他是嫌亨特太老实、太性急，因为这样的发明至少能值十万美元。但亨特还是用曲别针敲开了紧闭着的求婚之门，最终被获准和自己心爱的人成婚。

在结婚的庆典上，朋友们请亨特说一说求婚的体会。他说出了赢得全场来宾热烈掌声并使岳父刮目相看的话：“这个世界对于善于思考的人来说是喜剧，对于不善思考的人却是悲剧。只有善于思考的人，才是力大无穷的。地球上最神奇、最瑰丽的花朵，就是思考。”

正确的思维是正确行动的前提，只有良好的动机，未必有良好的效果。人生只有勤劳是不够的，蚂蚁也是勤劳的，所以重要的是要有思维的力量。推动人生航船的不是帆，而是看不见的风。所以，我们要学会利用“风”。良好的思维对人的成功很重要，对于善于思考的人来说，只要下决心得到，就一定会得到。

真正成功的人，本质上都流着叛逆的血

墨守成规，曾一度是古人尊师敬长、学习技艺所尊崇的一种态度，然而随着时代的发展，人们越来越清楚地认识到墨守成规的弊端，它让人故步自封，无法向前，所以也越来越渴望和愿意打破这种“成规”，进而产生新的创意。事实上，大多数人也的确是这样的。

保罗·盖帝说：“墨守成规乃致富的绊脚石。真正成功的人，本质上都流着叛逆的血。”要致富，就要有创新；要创新，就首先要有打破成规的意识。

从百事可乐问世以来，美国的两位“饮料界巨人”可口可乐与百事可乐，就彼此缠斗了近百年。因为可口可乐比百事可乐先上市了13年，所以百事可乐在前几十年一直处于不利的地位。到了20世纪50年代，可口可乐仍以二比一的优势领先百事可乐，然而到了20世纪80年代，双方的差距逐渐变小，彼此之间的厮杀也变得越来越激烈。

在这短兵相接的市场争夺战里，美国百事可乐总裁罗杰·恩瑞总是拿“两个和尚过河”的故事来警勉自己。

有两个和尚从一座庙到另一座庙去，他们走了一段路之后，遇到了一条河，由于一场暴雨，河上的桥被冲走了，他们只能涉水而过。

这时，一位漂亮的妇人正好走到河边。她说有急事必须过河，请求两个和尚帮忙。

第一个和尚立刻背起妇人，把她安全地送到了对岸。第二个和尚也顺利渡河。

两个和尚默不作声地走了好几里路。

第二个和尚突然对第一个和尚说："我们和尚是绝对不能近女色的，刚才你为何犯戒背那妇人过河呢？"

第一个和尚淡淡地回答："我在几里路之前就把她放下来了，可是我看你到现在还背着她呢！"

恩瑞在他所写的《百事称王》一书中，不断地告诫自己，要学习第一个和尚勇于做事的行为，而不要像第二个和尚那样轻易地被成规束缚住。

因为百事可乐与可口可乐在配方、色泽、口感上都非常相似，所以绝大多数消费者根本喝不出二者的区别，但在二者"交战"的前期，百事可乐由于其竞争手法不够高明，尤其是广告的竞争不得力，一直经营惨淡，被可口可乐远远甩在后头。

在经历了与可口可乐无数次的交锋之后，百事可乐终于突破成规，重新明确了自己的定位。百事可乐开始以"新生代的可乐"形象对可口可乐实施了侧翼攻击，从年轻人身上赢得了广大的市场。饮料市场份额的战略格局也悄悄地发生了变化。

百事可乐的定位很具有战略眼光。因为百事可乐与可口可乐非常相似，所以百事很难在质量上再做文章，百事选择的挑战方式是在消费者定位上实施差异化。百事可乐摒弃了不分男女老少"全面覆盖"的策略，单从年轻人入手，对可口可乐实施了侧翼攻击。百事可乐力图通过广告树立其“年轻、活泼、时代”的形象。

完成了自己的定位后，百事可乐开始研究年轻人的特点。通过精心调查后发现，在年轻人中最流行的是独特的、新潮的、有内涵的、有风格创意的东西。百事抓住了年轻人的心理特征，开始推出了一系列以年轻人认为最新潮的明星为形象代言人的广告。

在美国本土，百事可乐以500万美元聘请了流行乐坛的巨星麦克尔·杰克逊做广告。此举被誉为有史以来最大手笔的广告运作。杰克逊果然不辱使命。当他踏着如梦似狂的舞步，唱着百事广告主题曲出现在屏幕上时，年轻的消费者无不为之震撼。

在中国，百事可乐又邀郭富城、王菲做形象代言人。两位歌星不同凡响，郭富城的劲歌劲舞、王菲的冷酷气质，迷倒了无数的年轻消费者。在中国各地百事可乐销售点上，到处都有郭富城那执着、坚定、热情的让人无法逃避的眼神。

随着广告的加强，百事可乐那年轻、活力的形象开始深入人心。在上海电台一次6000人的调查中，年轻人说出了自己认为最酷的东西。他们认为，最酷的女歌手是王菲，最酷的男歌手是郭富城，而最酷的饮料是百事可乐。百事可乐邀请当红艺人担当代言人，广告中活力四射的青春场景成为了人们对这个品牌最深刻的记忆。

除此之外，百事可乐的广告语也颇具特色。它以“新一代的选择”“渴望无限”为广告语。因为百事可乐认为，年轻人对所有事物都有所追求，比如音乐、运动，于是百事可乐提出了“渴望无限”的广告语。百事提倡年轻人做出“新一代的选择”，那就是突破成规，喝百事可乐。百事可乐这两句富有活力的广告语很快赢得了年轻人的认可。为了配合广告语，百事可乐的广告内容一般是音乐、运动。百事可乐还善打“足球牌”，利用大部分青少年喜欢足球的特点，特意推出了百事足球明星……

作为挑战者，百事可乐没有模仿可口可乐的广告策略，而是勇于创新，通过打破成规树立了“后来居上”的形象，并把品牌蕴含的那种积极向上、时尚进取、机智幽默和不懈追求美好生活的新一代精神发扬到百事可乐所在的每一个角落。

我们不是没有创新的机会，而是忽略了它的存在

通常我们不能有所创新，不是因为我们的周围没有可创新的机会，而是我们忽略了它的存在，没有发现它而已。其实，生活中的创意俯拾皆是，只要我们能从多角度进行审视，把生活中看似简单的现象再深入一步，那么一个好的创意可能很快就诞生了。

有这样一个故事。

一列客车穿越一片茫茫荒原，长长的旅途和荒凉不堪的景象使旅客们百无聊赖，身心俱疲。猛然，在一个大拐弯处，铁路边一座孤零零的房屋跳入人们的眼帘，大家精神一振，纷纷谈论起这座房子来。旅客中的一个青年心中一动，在最近的车站下了车，迅速找到这所房子的主人，要买这所房子。房主人说，由于房子离铁路太近，火车噪声扰得人不胜其烦，早就想卖，只是难以出手。现在有机会了，3万元就行。青年买下房子，找到各大公司说要在这所房子上树起专为旅客看的广告。几经奔走，最终可口可乐公司树起了广告，仅付给青年3年的广告费就达18万元。

3万元和18万元，同一所房子的价值居然有如此大的差距，不禁令人

感慨。然而，仔细想想，这又是必然的，因为他们对房子的认识不同。原来的主人看到的只是住宅；而青年则看到了蕴藏在其中的商机，实现了创新，使其价值得到极大的提升。

有一个叫《家有妙招》的电视节目，每天都会教大家一些生活上的小窍门，看过之后你会发现，这些小窍门你可能也知道，只是没有把它当成一个创意付诸实践而已。殊不知，往往是这么一个小小的念头，就可以创造出意想不到的奇迹，使你得到难以想象的机遇。

其实，拥有出色人生与平淡人生者之间，就差那么一点点——前者把新奇的念头紧紧抓住了，而后者却轻易放过去了。

公元前1000年，有一位奴隶主丢了一个奴隶，他带人举着火把四处问询也没有结果，于是突发奇想，写了张寻人告示——由此诞生了最古老的广告。

鲁班发现小草的叶齿会划破手指，于是人们有了木锯。

1929年，Henry Luce（亨利·鲁斯）创办了《财富》杂志，而且衍生了“500大机构排名”，这现在成了杂志的重要推销技巧。

1950年，Frank Mavamara（富兰克·威马拉）在餐厅用餐后尴尬地发现身上没有足够的现金，遂产生了使用信用卡的念头，由此改变了人们购物模式。

1962年，IBM投入50亿美元研制了第一台家用电脑，比当时制造原子弹的成本还要高。人们都说IBM疯了，当时预测全球每年只可卖出两台，但家用电脑的发明最终改变了整个世界。

这些人都是因为拥有一双善于发现的眼睛，才突破了平庸，拥有了成功的人生。所以千万不要以为自己很平庸，只要时刻关注生活中的每一个细节，你就会发现很多事情“原来这样做会更好”，到那时候，你会为自己的发现和创新而激动不已。

按照惯性思维思考，是我们常犯的错误

有时我们无法创新，是因为被惯性思维束缚了头脑。按照惯性思维思考，是我们常犯的一个错误，也正是因为习惯于惯性思维，我们才缺少了创新的意识，难以打开思路。

著名的心算家阿伯特·卡米洛每天晚上都会站在一个台子上，请台下观众随便给他出题。这位天才的心算家还从来没有被任何人难倒过。

这天晚上，一位先生走上台来，坐到这位心算家的对面，开始出题："一辆载着283名旅客的火车驶进车站，这时下来 87人，又上去65人。"

阿伯特·卡米洛轻蔑地笑了。

"在下一站下去49人，上来112人。"这位先生又做了补充。

心算家微微一笑。

"在下一站下去37人，上来96人，"主考人说得飞快，"再下一站下去74人，上来69人；再下一站下去17人，上来23人；再一站下去55人，仅仅上来7人；在下一站又下去了43人，上来79人。"

"完了吗？"心算大师很同情地问他。

"不，请您接着算！"主考人摇着脑袋接着说，"火车继续往前开。到了下一站又下去137人，上来117人；再下一站下去22人，上来68人，"

这时，他用手敲着桌子叫道，“完了，卡米洛先生！”

心算大师不屑一顾地咧咧嘴角，问道：“你现在就想知道结果吗？”

“那当然，”主考人点着头，微笑着说，“不过我并不想知道车上还有多少旅客，我只想知道，这趟列车究竟停靠了多少个车站。”阿伯特·卡米洛——这位著名的心算家呆住了。

看完这个故事，你可能会不得不重新审视自己的过去，因为心算家失算的原因也正是我们常犯的毛病。不能打破思维的固有模式，就只能按着套路走，甚至会把本来简单的事情弄得很复杂。

现在，电话已经是我们生活的一部分，没有电话就无法正常地工作和生活，可是贝尔在刚发明电话的时候，人们却嘲笑说人是不可能对着一个装满电线的匣子说话的。从这一个小小的例子足以看出思维惯性对创新意识的危害。要知道，如果你只想保持着固有思维和习惯不改变，反对新的尝试，那么，有趣的新组合以及打破规则的创新是永无出头的机会的。

跳出“非此即彼”的思维怪圈

15世纪，航海家哥伦布发现了美洲大陆。在凯旋后的一次聚会上，有人说：“这没有什么了不起的，谁驾驶着帆船一直往西航行，都能发现新大陆。”哥伦布听了并不在意，他要来一些鸡蛋，请在场的人试着在桌子上把鸡蛋竖起来，许多人跃跃欲试，但是鸡蛋左摆右摆，怎么也竖不起来。哥伦布从容地拿起一个鸡蛋，在桌子上轻轻地一磕，鸡蛋碎了一点壳，就稳稳地竖起来了。哥伦布对大家说：“这其实是很容易的事情，你们每个人都能做到的。你们没有做到，然而我却做到了，当然，现在你们也能够做到了。事情就是这样，在第一个人想到和做到以前，其他人就是做不到。”大家听了连连点头，那个不服气的人也不吭声了。

这是一段多么富有哲理的故事，事情就是这么简单，为什么其他人都想不到呢？这就是思维定式，因为大家都以为要在鸡蛋完好无损的情况下想办法把它立起来。头脑中的这种无形障碍使人在思考问题、解决问题时，表现出了思维的惰性，囿于所谓的“思维定式”之中。在人们碰到新问题的时候，它总是自觉或不自觉地迫使人们把问题纳入熟悉的轨道去解决，即便碰了壁，还是固守原有的思路不肯放弃。想想这是多么可怕啊！

一家公司招聘职员，有一道试题是这样的：一个狂风暴雨的晚上，你开车经过一个车站。发现有三个人正苦苦地等待公交车的到来：第一个是看上去濒临死亡的老妇，第二个是曾经挽救过你生命的医生，第三个是你的梦中情人。你的汽车只能容得下一位乘客，你选择谁？

每个人的回答都有他的理由：选择老妇，是因为她很快就会死去，我们应该挽救她的生命；选择医生，是因为他曾经救过自己的命，现在是自己报答他的最好机会；选择梦中情人，因为如果错过这个机会，也许就永远找不回他了。

在200个候选人中，最后获聘的一个人答案是什么呢？“我把车钥匙交给医生，让他赶紧把老妇送往医院；而我则留下来，陪着我心爱的人一起等候公交车的到来。”

我们常常会被“非此即彼”的思维模式所限，如果自己“从车上下来”，抛开思维的固有模式，我们就可以获得更多。

法国著名女高音歌唱家玛·迪梅普莱有一个美丽的私人园林。每到周末，总会有人到她的园林摘花、拾蘑菇，有的甚至搭起帐篷，在草地上野营野餐，弄得园林一片狼藉、肮脏不堪。

管家曾让人在园林四周围上篱笆，并竖起“私人园林，禁止入内”的木牌，但均无济于事，园林依然不断地遭到践踏、破坏。于是，管家只得向主人请示。

迪梅普莱听了管家的汇报后，让管家做一些大牌子立在各个路口，上面醒目地写明：如果在林中被毒蛇咬伤，最近的医院距此15千米，驾车约半小时即可到达。从此，再也没有人闯入她的园林了。

“私人园林，禁止入内”和“如果在林中被毒蛇咬伤……”有什么不同？——有时成败只在于观念的转变。

一个老师向他的学生提出这样一个问题：一个聋哑人到五金店买钉子，为了让售货员明白自己要买的是什么东西，他左手做出拿钉子的样子，右手做出拿锤子敲打的样子。售货员马上给他拿来一把锤子，聋哑人摇了摇头。右手指了指左手，于是顺利地买到了钉子。

“那么，请问，如果一个盲人要去五金店买剪刀，有什么方法最简便呢？”老师问道。

一个学生马上抢答：“他只要伸出两个手指头做剪刀剪东西的样子就行了。”其他的学生也表示赞同。

老师最后说道：“他其实只要开口说自己想买把剪刀就行了。”

这个小故事就是要告诉大家，一个人要是被思维定式所困，就会走入思维的死角，从而陷入死胡同里，怎么转也转不出来。很多时候，当我们站在一个角度看问题的时候，往往就会陷入一个思维怪圈。如果我们能够跳出固定思维，也许就会眼界大开。

让思考跳起来，别让过去的经验限制你

小虎鲨长在大海里，当然很习惯大海中的生存之道。

肚子饿了，小虎鲨就努力地找大海中的其他鱼类吃。虽然有时候要费些力气，却也不觉得困难。

有时候，小虎鲨必须追逐很久，才能猎到食物。这种事情，随着小虎鲨经验的长进，越来越不是问题，猎食的挫折并没有给小虎鲨带来困惑。

很不幸，小虎鲨在一次追逐猎物时，被人类捉到了。

离开大海的小虎鲨还算幸运，一个研究机构把它买了去。放养在人工鱼池中的小虎鲨，虽然不自由，却不愁食物。研究人员会定时把食物送到池中，是些大大小小的鱼。

有一天，研究人员将一片又大又厚的玻璃放入池中，把水池分隔成两半，小虎鲨却看不出来。研究人员又把活鱼放到玻璃的另一边，小虎鲨等研究人员放下鱼之后，就冲了过去，结果撞到玻璃，疼得眼冒金星，什么也没吃到。

小虎鲨不气馁，过了一会儿，看准了一条鱼，又冲过去，这一次撞得更痛，差点没昏过去，当然也没吃到鱼。休息十分钟之后，小虎鲨饿坏了，这次看得更准，盯住一条更大的鱼，又冲过去。这次情况仍未改变，小虎鲨撞得嘴角流血，它想不通这到底是怎么回事。小虎鲨瘫在池底思

索着。

最后，小虎鲨拼着最后一口气，再次冲了过去！但是仍然被玻璃挡住，这回撞了个全身翻转，还是吃不到鱼。

小虎鲨终于放弃了。

研究人员又来了，把玻璃拿走。然后，又放进小鱼，让它们在池子里游来游去。小虎鲨看着嘴边的鱼食，却再也不敢去吃了。

是什么东西限制了小虎鲨，使得它连到口的鱼食都不敢去吃呢？

是限制性信念、限制性指令、生活中的常规、过去负面的经验总结、思维定式等。我们在成长的过程中也很容易被过去的经验所限制，这就要求我们勇于打破过去的经验束缚，学会正确地思考。

一位孤独的年轻画家，在屡经挫折后，终于找到了一份工作。他住在废弃的车库里，深夜常常听到一只小老鼠吱吱的叫声。久了，小老鼠竟爬上他的画板嬉戏，他与它享受着相互依赖的乐趣。

不久，画家被介绍到好莱坞去制作一部有关动物的卡通片，一开始，他的工作进度很缓慢，常常为画些什么而苦思冥想。终于，在一个深夜，他回忆起那只在画板上跳舞的老鼠。于是，灵感如泉水涌出，作品一气呵成。

这位年轻的画家就是美国极负盛名的沃特·迪士尼先生，他创造了风靡全球的米老鼠。

上天给人的，永远都是诗一般的灵感和勇气，而这灵感和勇气，只垂青于不畏逆境而善于思考的头脑。在失败和挫折面前，人人都会痛苦，但请不要把痛苦当作常态，更不要把痛苦的经历视为本该如此，要把痛苦转换为奋斗和拼搏的动力。只要你用心思考，积极地朝着目标努力，总会迸发出灵感的火花，找到开启重生之门的钥匙。

第三篇
正思维之交际处世篇

美国成功学家卡耐基有一句名言：“一个人的成功，只有15%是由于他的专业技术，而85%则靠人际关系和他为人处世的能力。”一个缺乏正确思维，没有处世能力的人，是难以获得良好的人际关系的。因此，在交际处世上，一定要摆正心态，把握好方向，如此才能成为一个受欢迎的人。

第七章　思路对了，朋友就交下了

千里难寻是朋友，朋友多了路好走。朋友之重要不言而喻，所以，人们大都非常珍视与朋友的友情，也都在积极地结交朋友。无论是结交新朋友，还是维护老朋友，都不是随意的行为。怎样与朋友交往是有讲究的，切不可因经营不当而伤害了友情。

当你肯定别人时，你也会得到同样的回报

一位哲人说过："人性中最深切的心理动机，就是获得赏识的渴望。"

台湾著名作家三毛在散文《一生的战役》中写道："我一生的悲哀，并不是要赢得全世界，而是要请你欣赏我。"这个"你"是她的父亲。一天深夜，父亲读了三毛的这篇文章，给她留条："深为感动，深为有你这样一株小草而骄傲。"三毛看到以后，"眼泪夺眶而出"，写道："等你这句话，等了一生一世，只等你——我的父亲，亲口说出来，扫去了我在这个家庭里用一辈子消除不掉的自卑和心虚。"由此可见，每个人都希望被人欣赏，不管他是乞丐还是大亨，是农民还是哲学家，是学生还是教师……著名心理学家杰丝·雷尔评论说："称赞对于人类的灵魂而言，就像阳光一样，没有它，我们就无法成长开花……"

在我们的现实生活或工作中，很多人都在为生活为事业奔忙，关注的都是自己，似乎无暇关注并欣赏身边的人和事，他们表情淡漠、拒人于千里之外；而有的人似乎只看到自己的优势，觉得别人都不如自己，一副趾高气扬、盛气凌人的姿态；还有的人从不相信别人，总是横加挑剔与指责，没有宽容爱人之心。凡此种种，不一而足。而能够懂得欣赏别人，便能多一分尊重与理解、坦荡与赞美，少一分挑剔与指责、误解

与不信任。这既能彰显自己的人格，实现自我的成长和升华，更能对他人产生激励与鼓舞，让他人拥有更多的自信和勇气。并且无论是自己还是他人都会获得一种前进的力量，感受到平等与平和，感受到动力与活力。

正如先哲培根所说："欣赏者心中有朝霞、露珠和长年盛开的花朵，漠视者冰结心城、四海枯竭、丛山荒芜。"

遗憾的是，大多数人对于别人的美好行为或成绩视为理所当然，认为放在心里就行了，而不善于把赞美的阳光洒向别人。这种做法大错特错。要有肯定别人的思想，当你能够为别人出色的表现表示由衷的喜悦和赞美的时候，对方也会因为你的真诚而将你视为难得的知己，并对你产生亲近感，从而使彼此成为朋友。

记住：小小的亲切可以推动世界，轻轻的掌声足以温暖人生，当你拥有欣赏的眼光时，你也会得到同样的回报。

怨恨只会让误解加深，宽容才是友情的温床

周华健的一首《朋友》不知唱出了多少人的心声：“一句话一辈子，一生情一杯酒，朋友不曾孤单过，一声朋友你会懂。”大千世界，茫茫人海，与我们擦肩而过的人很多，和我们相识的人也不计其数。有血缘关系的亲人只有屈指可数的那么几个，可除了亲人之外，还有另外一种人，这种人尽管和我们没有血缘关系，但他们像亲人一样关心我们、爱护我们、帮助我们、在乎我们，这种人就是朋友。

一个人一生中有一个真正的朋友是一件幸事，但是，找到一个真正的朋友却不是一件很容易的事。

朋友在于经营，需要我们用心去维护，因为友情禁不起折腾，“人情反复，世路崎岖。行去不远，需知退一步之法；行得去远，务加让三分之功”。以宽厚之心对待朋友，是朋友间相处的法则。

人非圣贤，孰能无过，每个人都有犯错误的时候，朋友也不例外。当朋友损害了我们的利益时，我们应该以一颗宽容之心对待他，这样，不但我们自己的心灵能得到解脱，同时我们的宽容也能拯救朋友堕落的灵魂。

如何对待朋友的过错？且看李显明是怎样做的。

李显明很伤心，由于好友张小为在的他公司电脑上做了手脚，使他损失了几十万元，他心中一直愤愤不平，尽管他委托律师将张小为送进了牢

房，但他还觉得不够。出狱后，张小为觉得对不起李显明，几次打电话向李显明道歉。李显明一听是张小为的声音，不容分说立刻将电话挂断。

李显明的妻子是个通情达理的人，她数次劝李显明应该宽宏大量，何况张小为是电脑专家，对他的生意很有帮助。李显明经过深思，觉得妻子说得有道理，可是每次拿起电话来他心中就会想起那几十万元，又想起张小为曾像只老鼠似的偷盗过那些钱，使他的生意差点垮掉，于是又放下电话，长叹一口气。

尽管已经过了很长时间，李显明还是陷在这种矛盾中，一会儿觉得应该原谅张小为，毕竟他是个电脑专家，曾经帮助过自己；一会儿又想，难道要原谅伤害过自己的人吗？不，不行。

直到有一天，一位心理医生告诉他："你形成了一种心理障碍，这种障碍不仅会妨碍你与张小为的关系，也会妨碍你与他人的交往，你必须积极地清除它。"

李显明终于鼓起勇气，给张小为打了一个电话，告诉张小为明天可以到办公室见他。第二天，他们谈得很顺利，李显明决定再次聘请张小为到公司工作，他对张小为说："我相信你不会再辜负我。"

张小为没有辜负李显明的期望，对公司尽心尽责，使公司的生意越来越红火，而他和李显明的友谊也越来越牢固，两人成了真正的知己。

若朋友未能满足我们的需求或有什么过错时，切不可怀恨在心。怨恨不仅会加深朋友间的误会，影响友情，而且还会扰乱正常的思维，引起急躁情绪。凡事要换个角度想想，这样或许能够理解朋友的所作所为。《菜根谭》中有这样一句话："径路窄处，留一步与人行；滋味浓时，减三分让人尝。此是涉世的极乐法。"在道路狭窄之处，应该停下来让别人先行一步，只要心中常有这种想法，那么人生就会快乐安详。因此，走不过去的地方不妨退一步，让对方先过，就是宽阔的道路也要给别人留三分便利。

两个朋友结伴在沙漠中旅行，在旅途中他们因为一件小事吵了起来，一个还给了另外一个一记耳光。被打的心里觉得很不是滋味，他却一句话也没说，只是默默地伸出了自己的一个手指，在沙子上写下："今天我的好朋友打了我一巴掌。"

之后，他们继续往前走，经过长途跋涉，他们来到了一个湖的边上，好久都没有见过这么大、这么美的湖了，于是，他们决定下去游泳。不幸的是，挨巴掌的那位游到湖中心的时候，由于过度疲劳导致小腿抽筋，差点溺水而亡，幸好被朋友救起来。在谢过救命之恩后，他拿起一把小刀，在石头上很小心地刻下："今天我的好朋友救了我一命！"

朋友看到他又刻字了，十分好奇，就问："为什么我打了你以后，你要把字写在沙子上，而现在却要把字刻在石头上呢？"

他笑了笑，回答说："当被一个朋友伤害时，要写在容易忘却的地方，用不了多长时间就会被风雨抹掉；相反，如果得到帮助，我们要把它刻在心灵的深处，让世界上所有的人都知道友情的珍贵！"

有时候朋友的伤害往往是无心的，而帮助却是真心的。但很多时候我们却对那些芝麻大的伤害斤斤计较，对那些莫大的帮助视而不见，心里留下的也只有无穷的幽怨与烦闷。其实，只要我们忘记那些无心的伤害，铭记那些对我们真心的帮助，就会发现，这世界上我们有很多很多真心的朋友。

有一位哲人说过：一分钟可以认识一个人，一小时可以喜欢一个人，一天可以爱上一个人，但一辈子也忘不掉一个人。在这漫长而又短暂的一生中，想找一个知音是多么不容易啊！而在日常生活中，就算最要好的朋友之间也会有摩擦，就算最亲近的故人之间也会有误解，我们也许会因为这些摩擦、误解而分开，但每当夜阑人静时，我们总会想起过去美好的回忆，觉得只有他们最了解我们的心，而此时已是我在天涯，他在海角了……

所以，请珍惜我们身边的朋友，告诉他们，在我们心中他们有多重要，我们有多在乎他们！这样，我们就会有越来越多的朋友！

珍贵之物不应滥用，就像友情

当我们一不小心跌倒时，自然会有人来扶持我们，那个人就是朋友。每个人都会有很多朋友，朋友的一句关心的话语可以温暖我们的心，朋友一个关爱的眼神可以给我们无穷的力量，朋友一个细微的表情就可以让我们扭转局面。

有朋友固然很好，但作为独立的个体，我们必须有足够的能力来照顾自己。朋友可以信任，但不要依赖朋友，否则时间久了，我们就会变得很差劲，一旦我们的生活中少了他，我们的世界就会坍塌。更重要的是，一有事情就去折腾朋友，不仅我们会感觉很累，朋友也会很烦，因为此时我们已成为他的负担。

虽说“有难同当，有福同享”，但在与朋友相处时，友谊是纯洁的，切勿滥用“凡事靠朋友”这招来逼迫朋友为我们办事。

张超是个很讲义气的小伙子，大学毕业后在大城市工作。自打成家有子之后，他越来越有一种负疚感：自己到底是不是那种薄情寡义之人？

他越来越怕接到朋友或家乡故人的电话或信，内容无非是说“我几时几时要到你那儿，请你帮忙买张卧铺票”“联系个著名的医生”“陪我逛逛百货大楼”“托你带件什么东西”“帮我……”诸如此类的事。

要说这些事有多难吧，也确实没多难，要说没多大事吧，可每次总把他折腾得筋疲力尽。更可怕的是朋友到家里来住，地方小倒腾不开，再加上还要吃喝用拿，朋友走后的那几天，妻子的脸色总是怪怪的，阴晴不定，时不时嘴里冒出一句：“狐朋狗友！”弄得张超左右为难、尴尬万分。

张超的感觉其实没有任何差错，错出在他的朋友身上。他们过度地依赖张超，不光张超自己感觉很累，而且连带家人都跟着受罪。

友情确实可以成为我们在社会生活中的动力机器，但它毕竟马力有限，需要不时加油。为了让它发挥正常的功效，正常运转，请注意别让友情超载。

首先，传统的友情理念总是抱定一种不讲道理的假设——是朋友就该如何如何。事实上，任何人都没有这种必须帮助我们的义务，假若我们真心当他是朋友，就不该要求别人如何如何。在友情的逻辑中，上述假定应更改为“只有如何如何，才够朋友”。

其次，我们要设身处地地为对方想一下。健康的个体必然充分注重保护自己各方面的权利，他总是希望得到有价值的东西，选择对自己有价值的交往行为。许多人常常为功利与情义而纠缠不清，总想把自己真实的动机掩盖起来，其结果反而是两败俱伤、一无所获。要记住，积极健康的个体并非无私无欲，但要取之有道。

最后要注意，别以为我们交代朋友的都是小事，这里面还牵涉着很多问题。现代人的生活就像在军营一样，上班、下班、吃饭、熄灯都是整齐划一的。不同的是，这种秩序不是靠纪律而是靠生产和生活方式决定的。当我们找朋友帮忙时，或许没耗费他们的金钱与精力，却可能打乱了他正常的生活秩序。为了搞车票，要耽误工作而且欠人情；为了陪我们吃饭，没能接孩子，妻子不高兴……朋友也许不好意思说他的付出与牺牲，但我们若将这一切视为理所当然或应该，时间久了，就不会再有朋友了。

要想友谊天长地久，就要相互理解体谅。无论在哪里，都不能一味地“靠”朋友。拿朋友当拐杖则是贬低朋友，滥用朋友的情义。

就算是再好的朋友，越接近，相处之道也越难以拿捏。比如，脱离上班族的生活，和朋友合资经营生意，过程是相当坎坷的，因为这其中牵扯到利害关系，即使朋友间也不可能将这些因素拿掉，只单纯地交往。

在与朋友交往的过程中，有些地方犹如“地雷”，没有碰到它当然平安无事，一旦碰到它，炸响了就会使双方都受伤。这样的结果是任何一个人都不愿意看到的。所以说，要想把朋关系维系好就千万不要去碰这些“地雷”。

（1）出门靠朋友。人作为主体与周围客体发生联系的时候，总会发现有的客体能够满足自己的需要，而有的则满足不了，于是大多数人总是会选择与前者进行交往。

（2）没有真正为朋友着想。真正的友谊不在于共享欢乐或无微不至的关怀照顾，而在于遭遇时的关心、指点、理解与支持。

（3）滥用他人的友情。关键的朋友要留在关键的时候再用，不要把他们的善意滥用在无关紧要的事情上，就像遇到危险之前要保持火药干燥一样。倘若我们迫不及待地让朋友为我们办事，日后还有什么能让他们为我们做的呢？能够帮我们的朋友比一切都珍贵，珍贵之物决不应滥用。

朋友间的交往方式，没有固定的公式或是正确答案。但我们认为保持适当的距离才能细水长流。不能因为两个人非常合得来就过分接近，这样反而会产生摩擦。和朋友、知己间保持多少距离没有一定的标准，但是我们可以抓住感觉，了解“和这个人要保持多少距离，和那个人要保持多少距离”，以此和不同的人交往。

与朋友相处要求同存异，宽容为怀

朋友有这样的特性：肝胆相照，两肋插刀，彼此信任，有所担当。如果碰到这样的朋友，那算是自己千年修来的缘分，高山流水遇知音，此生一人足矣。

但我们的大多数朋友却是这样的：关系比较密切，肝胆相照但不一定会两肋插刀，彼此信任但不完全信任，有所担当但要我们对等地付出。这样的朋友也算难得，会说真话，也做真事。

还有一些朋友是为了彼此需要、互相捧场，出于利益而来往，与感情无关，与道德无缘，唯有利益和需要决定彼此来往的密切程度。

所以，对朋友不要过于苛求，倘若是第二类朋友，能说真话、做真事在如今已是很少，这就值得重视和珍惜。要在平时少些计较、多些宽容，少些刻意、多些真诚。

哥德与席勒的友谊为世人所称颂。两位德国最伟大的、至今仍然备受推崇的诗人不仅生活在同一个时代，而且生活在同一个小城中，相距不过几百米远。即使死亡也无法把他们分开：他们的棺材并排放在同一个墓穴中，在城市的纪念碑上他们像双胞胎一样肩并肩地站在底座之上。人们经常能在书中读到关于他们 “真挚的友谊”的描述。两个人都是那么著名、那么受人尊敬、那么富有文才。

但他们又有着巨大的差异，哥德于1749年生于法兰克福一个富有的城市贵族之家，随心所欲地在不同的城市学习法律，在年轻的时候就已经是著名的诗人，并供职于魏玛的宫廷。他是上天的宠儿，一个不必为金钱发愁的人。而席勒只是一个军医的儿子，出身于拮据的市民家庭，13岁的时候被公爵强制塞进了斯图加特的军事学校，不情愿地学起了如何当医生。他是一个病恹恹的、永远要为生计奔波的人，一个上天的弃儿，一个带着债务来带着债务走的人。

而且他们相识之初根本不喜欢对方。席勒评价哥德时说："即使对他最亲近的朋友，他也从不吐露心声。在任何事情上都抓不住他。我的确认为，他是一个极不寻常的利己主义者。"而哥德当时对席勒也并无好感，只不过这位年长的诗人比较内敛含蓄，谈起席勒时不是那么冲动，感情色彩不是那么强烈。

直到很多年后，他们才坐下来讨论这个问题。其中一个人这样写道："我怀疑，我们是否真的走得很近……他的世界不是我的，我们的思考方式看起来是那么不一样。总是围着他转让我感到很颓丧。"而另外一个人则觉得他们的思考方式和生活态度根本就是在"地球的两个半球上"。

但是，这些并不影响两人成为朋友。1794年7月20日，哥德和席勒参加了自然研究协会在耶拿召开的一次会议。散会后，两人同路，边走边谈，进行了一次具有历史意义的谈话。交谈中，哥德生动地描绘了植物的生长变化。席勒听后说道："这并非经验，而是一种观念。"与其说这次谈话使两人观点更接近，毋宁说使差异更明显。但席勒认为这并非坏事，他深信哥德对此也有同感。因此他在8月23日真诚地给哥德写了一封信，对哥德进行了全面的深入的评价。

席勒在信里谈道：哥德是个天才。天才的本质特点是自己的行动并无意识。因此席勒大胆地说，哥德对他自己并不了解，也无法正确分析，

“天才对自己总是个谜”。他对哥德的深刻分析表明，他对哥德的了解的确胜于哥德自己。

席勒正直诚恳的性格和深邃精湛的思想，给哥德留下了深刻的印象，使得哥德摒弃了对他的成见和隔阂，把他视为知己、引为挚友。就这样，两位诗人肩并肩、手携手地向着共同的目标前进。他们互相鼓励、互相启发，酝酿和创作了一系列的辉煌巨著。

正是因为不计较对方的缺点才让两人结下了伟大的友谊，也让我们再次明白“金无足赤，人无完人”“求同存异”所蕴含的道理。

朋友之间怎样相处是一门很深的学问，有的人甚至用毕生的精力也没能研究透彻。多少不甘寂寞的人穷究原委，试图领悟友谊的真谛，希望能拥有一段轰轰烈烈的友谊。然而友谊哲理的复杂性，使人们不可能在有限的时间内洞悉其全部的内容。

“水至清则无鱼，人至察则无徒”。我们必须用这样的思维方式与朋友交往，对朋友不要太计较，否则，就会对什么都看不惯，连一个朋友都容不下，最终使得自己同社会隔绝开。镜子很平，但在高倍放大镜下，就成了凹凸不平的“山峦”；肉眼看着很干净的东西，拿到显微镜下，满目都是细菌。试想，如果我们“戴”着放大镜、显微镜生活，恐怕连饭都不敢吃了。再用“放大镜”去看朋友的毛病，恐怕许多人都会成为罪不可恕、无可救药的了。

人非圣贤，孰能无过。与朋友相处时就要互相谅解，经常以“难得糊涂”自勉，求大同存小异，有气量，能容人。如此一来，我们就会有许多朋友，且能左右逢源，诸事遂愿。相反，过分挑剔，“明察秋毫”，眼里揉不进半粒沙子，鸡毛蒜皮的小事都要论个是非曲直，容不得人等，这样一折腾，朋友也会躲我们远远的，最后，我们只能关起门来当“孤家寡人”，成为别人避之唯恐不及之徒。

有时朋友冒犯我们，可能是另有原因，比如不知哪些烦心事使他此时情绪恶劣，行为失控，正巧让我们赶上了，只要朋友不是恶语伤人、侮辱人格，我们就应宽大为怀、不以为忤，或以柔克刚、晓之以理。总之，没有必要与朋友瞪着眼睛折腾。假如折腾过了，大动肝火，枪对枪、刀对刀地干起来，再酿出个什么严重后果来，那就太划不来了。而且与朋友如此，实在不是聪明人做的事。

当然，要求一个人真正做到不计较、能容人，也不是简单的事。我们需要有良好的修养、善解人意的思维方法，并且需要经常从对方的角度设身处地地考虑和处理问题。多一些体谅和理解，就会多一些宽容，多一些和谐，多一些友谊。

委婉批评是帮助，戳人痛处是激怒

每个人都有犯错误的时候，我们的朋友也不例外。那么，作为朋友，我们理所当然地要向他指出来。只是，人都好面子，尤其对方还是我们的挚友，说浅了起不到作用，说深了会伤害感情，那怎么办呢?

刘志辉和张会林在学校是同室好友，关系十分亲密。张会林家里有钱，又是独子，有点娇气，但是性格很直爽，为人很热情。刘志辉家境不太好，从小自立，自尊心很强。他在学习的同时，每天早晨不到5点就要到一家餐厅打工。随着学习压力增大，在考试期间，两人产生了矛盾。

有一天，刘志辉4点半就起床了，在洗漱的时候声音太大，把其他人都吵醒了。张会林想，其他人跟刘志辉的关系都一般，有意见也不好说出口，自己作为他的好朋友理应批评他一下。于是就说："你干吗上班时非得把全宿舍的人都闹醒啊？你倒是赚了钱，但人家还陪着你不睡觉啊？"刘志辉一愣，心想：别人说出这些话倒也罢了，你是我最好的朋友，怎么不考虑一下我的难处就来批评我呢！于是他没好气地说："你以为我乐意早上5点就起床去那臭烘烘的厨房里干活吗？我父亲可不愿一年到头供养我，我得自己挣钱养活自己。我不像你，赖在屋里，靠家里供养。你自己清楚，你是我认识的人中最懒的一个。"

张会林一下子被激怒了，打人不打脸，骂人不揭短，你说话也太损了吧！“哦，别来这一套。昨晚看书一直看到两点的是谁？谁又说什么了？难道你就不能轻一点吗？怎么那么自私呢，就不能稍稍考虑一下别人！”两个人你一言我一语，针尖对麦芒。最后，双方都撕破了脸，几年的友情瞬间化为乌有。

人往往就是这样，一旦被戳中了痛处，就会全力反抗的。显然，张会林没有注意到自己不恰当的批评方式会让刘志辉下不来台。

假如他们都不那么感情用事，而采取负责的态度表示自己的不满，就可以避免朋友的怒气，至少可减少朋友发怒的可能性。如果张会林当时能这样谈起，就完全可以避免一场争吵：“我想告诉你，我有些不舒服，也可能是这些天的考试使我过于紧张烦躁了，昨晚我没有睡好，现在又被你弄醒，我心里有点恼火，你似乎没考虑过我的休息。另外，这里还有其他人，也要注意下他们的感受。”如果这样说，刘志辉或许就会明白自己的过错，而且不会发火。

作为好朋友，直陈人过没有不对，但说话时还是要讲究方法，不要因对方一件事没做好，就说些不顺耳的话，否则小则造成不愉快，大则会把真诚的友谊折腾没了。指出朋友的缺点时，不仅要使用委婉的话语，还要注意不要当众批评朋友，免得让朋友在众人面前难堪。

有人曾说过：一句不慎的话，足以让十句光彩照人的话黯然失色，一段真挚的友情也会因此产生裂痕。所以，同样是起到批评人的效果，为何不能换个方式，温和地表达呢？一个微笑，一个眼神，足以传递出或善意或严厉的批评，但是都可以是甜的。甜甜的批评是从对对方充分的尊重和自我最高尚的修养而发出的。善待别人就是善待自己，并且，善意的批评会比粗暴的批评更有效。

老于是一家公司的老总，凭着自己的坚毅和果断创办了这家公司，只是这位老总平时少言寡语，给人的印象就是严肃认真，但他也有出人意料的时候。

老于邀请他的一个同窗好友做他的副总，不过，这个好友虽说是女士，却是一副男孩子的性格，写公文时总是粗心大意，有一次还差一点造成了大损失。老于很想说她一下，但又怕伤到她。琢磨了几天，老于终于想到了一个好方法，既能提醒她又能让她乐于接受。

一天早晨，老于看见好友走进办公室，便对她说："今天你穿的这身衣服很好啊，越发显示出你的年轻漂亮。"

这几句话出自老于的口中，让好友很吃惊：想不到严肃的老朋友也有夸人的时候！这时，老于又说："但不要骄傲，我希望你处理的公文也能和你一样漂亮。"好友一下子明白了老于的意思，果然从那时起，她在公文上很少出错了。

一位朋友知道了这件事，就问老于："想不到你这么严肃的人也会使用这样奇妙的方法，你是怎么想出来的？"老于笑呵呵地说："说起来很简单，有一次我去刮胡子，我注意到他们都是先给人涂肥皂水，然后再刮。这样做是为了给别人刮胡子时不痛。所以呢，我就想到，批评人的时候，也应该这样让对方愉快地接受。"

看到了吧，批评也是要讲艺术的！

不过，很多人都有这样一种观念：对朋友赞美就好了，批评会伤害感情。而实际上，当我们觉得朋友做事不恰当的时候，对他的批评，好朋友是不会见怪的，至少他知道你是善意的。当然，批评朋友时还是要掌握一些技巧，这样才能让人家愿意接受。

首先，批评要与赞美相结合。适度地批评之后，别忘了就其优点加上几句称赞的话，这样才不会损坏彼此的情谊。“以理服人”是对的，但道理有时并不容易被直接接受，甚至会让对方产生反感，尽管在反感时他内心已经接受道理了。

其次，还要争取让对方心服口服，这就需要一定的技巧了。有时，批评者往往认为自己是好心，结果话中带了威胁的意味，就很难达到效果，甚至会给双方关系造成不良影响。如两个朋友发生了一点摩擦，一方大叫“你这样的人谁还会愿意和你在一起”，对方马上回嘴“不做朋友就不做朋友，你有什么了不起”，如此一来，好心的批评也会起到逆反作用。

善于批评者会让对方感到仿佛不是在批评自己，而是真心地劝导，这样就容易被对方接受。批评的语言中应避免“你应该”“你必须”之类的词，多用温和的口气，避免对方的反感；在任何“强攻”都难奏效时，还不如暂停。

不要试图利用朋友，真心才能换得真心

现实生活中有很多人喜欢跟朋友玩心眼儿，喜欢利用朋友，他们认为朋友不是用来交心的，而是用来利用的，他们这种心态导致他们自私自利、唯利是图。常常看到这样一些文章，教我们做一个有心计的人，而这导致了人与人之间尔虞我诈、勾心斗角，使得一些人内心深处完全没有朋友的概念。

刘东和张武是同窗好友，毕业后同在一家股票软件公司工作，刘东做客服和一些客户咨询的工作，张武负责软件研发。后来，刘东去了一家股票咨询公司，做了股票信息门户网站的编辑部主任，而张武另立门户，开了一家软件公司。

有一天，张武接到刘东的电话，说他有一个项目想和张武合作，让张武前往刘东现在公司面谈。大概情况是刘东现在的公司要做一个门户网站，因为涉及网上交易，所以安全很重要，还有同步传输，要在访问量大时保证网站的高速度。这些技术要求对张武来说没有问题，因为张武在以前公司做的股票软件交易系统，与证券交易所的同城传输、系统的同步备份都运行得很好。

按约定时间张武前往刘东所在的公司，见到了刘东，老朋友见面，先客套一番，然后，刘东介绍了他的情况，因为一去就当主任，员工不

服气，所以他想与张武合作，以最快的时间开发出一套交易系统和门户网站。

张武看了系统，问了在场的研发人员一些问题，然后就告诉他们这个系统该如何做，里面有什么技术要点，以及该如何维护等。研发人员连连点头说是，他们很认可张武的技术。

张武也很高兴，以为签下这个项目肯定没问题。

当时，其他人不知道张武与刘东的关系。在刘东出去的一段时间，刘东的一个下属说了真实情况，他们已经花了20万元找了一家大公司开发出这套系统，只是系统不稳定，但那家公司不愿意免费给他们做完后面的工作，如果要进一步修改与完善，公司需要再付10万元，可公司不愿意出钱，刘东自告奋勇把这个任务接了下来。

当张武明白这件事情的前因后果时，明白自己被刘东利用了。他很伤心，如果刘东直接告诉他，说有个忙要他帮一下，说明情况，他也会帮的，而刘东居然采用这种手段来利用自己，这样的人根本不配做朋友！

莫说是朋友，即使是普通关系，如果被对方利用，我们也会有一种被羞辱的感觉，刘东对张武做出这样的事，就不能怪张武不认刘东这个朋友了。

有一个名人在他的客厅里挂了这样一幅字：“我能帮，我不帮，我不够朋友；我不能帮，你要我帮，你不是朋友！”朋友遇到困难，在力所能及的范围内帮上一把，是人之常情。但让朋友勉为其难，甚至违规、违法搭上信誉乃至身家性命就实在不能称之为朋友了！

朋友本来就不是拿来用的，闲暇的时候一起聊聊天，烦恼的时候诉诉苦，欢乐的时候一起分享，这才是朋友。一旦拿来用了，甚至牵扯上利益，朋友的感情往往就变质了。

摆正心态，不勉为其难，这才是身为朋友应做的。

有一个法官，他有一个从小就很好的朋友，是一家公司负责人。有一天，这个朋友因为经济案件被捕，朋友的妻子哭着来找法官帮忙，满以为他会鼎力相助，没想到他却拒绝了。朋友妻子因此大为不满，认为他不够朋友。朋友也因此不愿理朋友，他每次到监狱探望，朋友对他的态度都很冷淡，但他仍然坚持去看朋友。若干年后朋友出来了，态度依然冷淡，但他仍常常到朋友家中坐坐。几年后，朋友一家搬到外地，本以为难再见面，没想到朋友却常带着家人回来与他小聚，这时朋友的生活也慢慢好转。他终于开口问朋友还怪他吗，朋友说："还怪什么？事情都过去这么久了，何况当时也挺为难你的。再说，朋友本来就不是拿来用的。"

这个社会纷繁复杂，想找到一个真正的朋友是很难的，所以不要抱着利用别人的心思与朋友交往，否则早晚会失去朋友。

有人或许会说，有难时不找朋友，交朋友还有什么用呢？当然，有困难时最可能给你帮助的就应该是朋友，但一定不要让对方勉为其难。同时，你若从交往之初就抱着利用的想法，你也不会给对方真诚的感受，如此的话，对方又怎能把你当朋友，又怎能在你有困难的时候真心相助呢？

交友不可功利，任何掺杂了利益的友情都有变质的危险，要想交到真心的朋友，那就请你也付出一片真心吧。

第八章　心中有温度，人与人之间才有热度

一个人心中的想法决定了他的做法。我们必须有爱人的思维观念，否则，人与人之间将变得冷漠。如果心中装着他人，就会考虑他人的感受，用温暖的态度对待他人。让我们为建立一个友爱的社会而付出努力吧！

温和的态度才能让人产生亲近感

从前，英格兰有一位伟大的国王，名叫征服者威廉。他有三个儿子。有一天，威廉忧虑地问他的谋士们：

“我在想，我死了以后，我的儿子们能干些什么？因为，除非他们聪明而强健，否则，他们就不能保住我给他们建立的王国。我真没有办法断定，我死了以后，他们三个人中哪一个应继承王位。”

“噢，国王！”谋士们说，“只要我们事先知道您的儿子们最喜欢什么，我们就能够说出他们将来会是什么样的人。也许向他们每个人提几个问题，我们就能看出他们中哪一个最适合接替您统治国家。”

“这个计策起码很值得试一试，”国王说，“现在就把孩子们叫到你们面前，你们可以随意向他们提问。”

谋士们谈了一会儿后，都同意把年轻的王子们叫出来，一次叫一个，用同样的问题问每一个人。“殿下，”其中一个人说，“回答我这个问题：假如上帝不让你成为一个男孩子，却要你成为一只鸟，那么你愿意做哪种鸟呢？”

长子罗伯特回答：“我愿做一只隼，因为其他任何鸟都不能像它那样使人想起一个勇猛而英俊的骑士。”

次子威廉回答：“我愿做一只鹰，因为它是鸟中之王，其他的鸟都怕它。”

三子亨利回答："我愿做只八哥，因为它彬彬有礼、和蔼可亲，谁看到它都会高兴。它从来不想掠夺和辱骂它的邻居。"

谋士们谈了一会儿，统一了意见，就去向国王报告。

"我们发现，"他们说，"您的大儿子罗伯特将是个勇猛的人。他将做出一些伟大的事业，扬名于世。但是最后他将被仇人征服，死于监牢。

"第二个儿子威廉，将像雄鹰一样勇敢而强健，但是他的残暴行为将使人们恐惧和憎恨。他会过上一种邪恶无端的生活，最后将可耻地死去。

"最小的儿子亨利，将是个聪慧、谨慎而温和的人。他只有在迫不得已的时候才会和敌人作战。在国内他将受到人们的爱戴，在国外将受到人们的尊敬，他将在获得巨大财富之后平静地死去。"

最后的结局同谋士们所预言的非常相似。罗伯特正如他百般赞赏的隼一样，胆大而鲁莽。他丢掉了父亲给他的全部领地，最后被关进监牢，一直到死。

威廉非常专横和残暴，他过着一种邪恶无端的生活，最后当他在森林中打猎的时候，被自己的一个下属杀死。

至于亨利，成了英格兰的国王，成了他父亲全部领地的统治者。

罗伯特和威廉都是缺少正思维的人，虽然他们有远大的理想和抱负，但是不知道用正确的方法待人处世，最后不得善终。而亨利却不同，他聪慧、谨慎而温和，得到了人民的拥戴，成了英格兰的国王。

有一位伟人说：一个人成功与否，15%在于个人的才干和技能，而85%在于处世待人的艺术和技巧，这些艺术和技巧将体现在与人相处的每一个细节当中。这里最需要注意的便是与人相处的态度。与大众融洽地相处，以和谐取悦于人，这是一件很不容易做到的事情。

也可以说，对待别人的艺术，是世界上最难学习的一门科目。因为每个人都觉得自己是重要的，倘若能尊重别人的立场，也就能得到讨人喜欢的秘诀了。

别人之所以喜欢你，首先是因为你拥有容易让人产生亲近感的温和的态度，这一点是非常值得你注意的。

至高无上的追求便是对美德的追求

在新奥尔良的一个大广场上矗立着一座漂亮的大理石雕像，在雕像上有这样几个字："玛格丽特雕像，新奥尔良"。

在黄热病疯狂蔓延的情况下，玛格丽特活了下来，成了一个孤儿。很年轻的时候，她就嫁人了，但不久她的丈夫就死去了，她唯一的孩子也死了。她非常贫穷，也没有文化，除了会写自己的名字外几乎完全不会写字。于是，她就去了女子孤儿收容所工作。她从早到晚地忙碌，将整个生命都投入到为了孤儿的工作中去。当一家新的漂亮的收容所建造起来后，玛格丽特和这些修女从原先艰苦的条件下摆脱了出来。后来，玛格丽特在这个城市开了一家自己的乳品面包店。每个人都认识她，并且资助她购买运奶的小车和烤面包炉。玛格丽特非常努力地工作着，节省下每一分钱来帮助孤儿，其实她已经把这些孤儿当成自己的亲生孩子了。她从来就没有一件丝绸衣服，也没有戴过一双羊皮手套，她长得也不漂亮，但当她离开人世后，这座城市却为这位孤儿的朋友和保护者建造了一座美丽的纪念雕像，以此作为对一个美丽的、有益的、无私的人的感激。

将自己彻底地放弃，把自己奉献给所有更完美、更纯洁与更真实的事物，这是拥有正思维的人的情感诉求。借助于对所有高贵完美的事物的强烈感情，我们对自己的热爱和对生命的感激也会变得更为柔和与清晰。

弗朗西斯·克劳斯利先生讲述了一个关于格莱斯顿的故事，以此显示这位了不起的英国政治家的爱心和仁慈。据克劳斯利先生说，这是他从圣马丁牧师那儿听来的。牧师曾经到他的教区去探望过一个清扫人行道的清洁工，那个人生病了。

“有没有人来看过你？”

“有的，格莱斯顿先生来过。”

“他怎么会来看望你呢？”牧师不由问道。时任英国财政大臣的格莱斯顿尽管住在这个教区内，但牧师还是不理解他为什么要来探望一个生病的道路清洁工。

“哦，”这个清洁工回答说，“当他路过我打扫的那条人行道时总和我打招呼，当我不在时他还会记得我。他曾经向替我工作的同伴打听我在哪儿，当他听说我生病了，就问了我的住址，将它记在纸上。后来，他就来看我了。”

“那么，他来这里做了些什么？”牧师问道。

“呃，他给我念《圣经》上的话，并且为我祈祷。”清洁工回答道。

对每个人给以关注和爱护，并且始终这样做，格莱斯顿的这种品格是多么伟大呀！

有一个名叫约翰的重罪犯，他原先是一个品格极为恶劣的人，有一头剪得极短的头发，走起路来摇摇晃晃。但后来，在孟菲斯的黄热病灾难中，他向有关机构提出要求，要求担任护理人员。但医生最初拒绝了他的要求。

“我想成为护理人员，”这个人坚持着，“先试用一个星期吧！如果你不满意，再把我辞退；如果你觉得满意，再付给我报酬。”

“好吧，”医生说，“我就试着录用你，尽管我认为这样做不对。”然后，那医生又在心里对自己说：“我会时刻盯着他的。”

但是，不久这个人就证明了他根本不需要任何人监督。几个星期后，他就成为了这个勇敢团体中最出色的护理人员之一。在这场瘟疫疯狂蔓延的地方，总是有他努力工作的身影。患病的人都非常爱戴他。对那些被命运遗弃的人来说，他那张粗糙的脸简直就是一张天使的脸。

然而，在发工资的那天，他表现得很奇怪。他通过后面的街道走到一个隐蔽的地方，那里放着一个为救助黄热病患者而设的救济箱。有人看见他把自己整个星期的工资都放进了那个救济箱。不久以后，他也在这场瘟疫中感染黄热病死去了。因为人们从来没有问过他是谁，所以他的尸体被安葬到一个无名者的坟地中去。然而，就在这时，人们发现了他身上有一块青灰色的烙印，这说明约翰——这个护理人员曾经是一个被定了罪的重罪犯。

“人生中只有一种追求，”科尔顿说，“这是一种至高无上的追求：对美德的追求。”爱默生说：“美德具有这样一种至高无上的价值，它是一种伟大的品格力量，在所有价值中它处于最高的位置。”

在斯特拉特福子爵为克里米亚战争举办的晚宴上所发生了这样一件事情：在这个晚宴上，他们做了这样一个游戏，老军官们被要求在各自的纸片上秘密地写下一个人的名字，这个人要与那场战争有关，并且是他认为这场战争中最有可能流芳百世、泽被后世的人。结果每一张纸上都写着同一个名字——弗洛伦斯·南丁格尔。“带来光明的天使”——南丁格尔是在那场东方战争中赢得最高名声的妇女。

关于南丁格尔的报告说："在几个小时内，只有她和她的一小队护士来到了这里，而成百上千的伤员从巴拉克战场中被运了回来，不一会儿又有更多的伤员从印克曼战场中被运了回来。什么事也没准备好，一切都需要从头安排，而南丁格尔的任务就是要在这个痛苦嘈杂的环境中把事情弄得井井有条。在她负责的第一个星期中，有时她要连续站上20多个小时来分派任务。而当各种事务都有序地进行着的时候，她自己就去处理那些最危险、最严重的事情。"

一位和她一起工作过的外科医生说："南丁格尔的感觉系统非常敏锐。我曾经和她一起做过很多非常重要的手术，而她都可以做得非常准确。那些对于任何人来说都是非常恶心的特殊任务，特别是当与一个即将死亡的人打交道时，我们常常可以看见她穿着薄薄的制服出现在那个伤员的身边，俯下身子凝视着他，用尽她全部的力量、使用各种方法来减轻他的疼痛，而且南丁格尔几乎不会离开伤员的身边，直到死亡夺走那个人的生命为止。"

"她和一个又一个的伤员说话，向更多的伤员点头微笑，"一个士兵说，"但她不可能对所有人都这样，你要知道——躺在那儿的伤员成百上千。但我们每个人都可以看着她落在地面上那亲切的影子，然后满意地将自己的脑袋放回到枕头上安睡。"

另外一个士兵说："在她到来之前，那里总是乱糟糟的；但当她来过后，那儿神圣得如同一座教堂！"

这些涉及人类最高贵品质的小故事十分地相似，即都是人类爱的精神的体现。这种品质，使得一个人能区别于其他人，并且使我们自然而然地记录下这些人的名字。这些人始终保持着对人类的忠诚，于是，他们就受到了世人的尊敬。

这种严格地不折不扣地尽职尽责的行为与精神，被安娜·詹姆士女士称为“黏合剂”，“这种黏合剂将整个的道德建筑物粘在一起：如果没有它，所有的才能、善良、智慧、真理、欢乐和爱本身就不会持久。”

如果一个人的思想是正确的，那么他的信仰必定是正确的。而这种信仰必然会发展他的能力、增强他的精力、提高他的自尊，使他的品格变得更为稳固，并且会为他带来利益，帮助他开拓成功的前程！在一个灵魂最为崇高的旅程中，正直的品质永远不会被超越，而爱的心灵也永远不会过分。

助人是最好的心理保健药

帮助别人就是帮助自己。生活中，当你为别人付出的时候，本身就会体验到快乐，因为付出也是一种快乐。为别人付出你的爱心，就相当于种下了一片希望，会有硕果累累的一天，品尝到丰收的喜悦。

赠人玫瑰，手有余香。我们每个人都不是万能的，很多时候，我们需要与别人合作，共同来完成某件事情，有时，还需要得到别人的帮助。当然，必要的时候我们也需要帮助别人。助人者，天助也。帮助了别人，就是善待了自己。可以想象，在一个大集体中，如果每一个人都帮助自己身边的那个人，那么一圈下来以后，效果和自己帮助自己是一样的，但这个帮助自己身边的人的集体却比只会自助的集体要文明先进得多。因此，当人类社会发展到现代文明阶段时，我们就应该具有现代文明的思维，要懂得一个道理：助人如助己。

著名的电影明星奥黛丽·赫本有一项非常有意思的纪录：她从没看过心理医生。一位叫史塔勒的医生对此产生了浓厚的兴趣。因为他常在深夜接到一些著名主持人和影视明星的电话，要求他给予心理上的帮助。这些人衣食无虞，崇拜者如云，看上去应该是世界上最幸运的一些人。作为心理学家，史塔勒很想从赫本这儿找到一些研究上的突破。结果他发现，赫本做过67次亲善大使，在1956年到1963年间，她几乎每月都到码头监狱和黑人社区做义工。有一次她谢绝了贝尔公司每小时5万美元的庆典邀请，而去医院给一个小男孩做免费护理服务。史塔勒对这一发现很重视，他认为这里面蕴藏着心理学方面的某种东西。

他推而广之，对其他热心公益的名人进行研究，最后发现，这些人很少有怪癖及不良记录，他们同赫本一样，几乎没有看过心理医生。

一个乐于从事公益活动的人，在她帮助他人的时候，同时也让自己的精神得到了慰藉，善待了自己的灵魂。这是我们从赫本的经历中看出的道理。

在别人遇到困难的时候，慷慨地伸出一只手给他支持，或许在将来他能够送你一个拥抱。

有一个贫穷的小男孩为了攒够学费正挨家挨户地推销商品。劳累了一整天的他此时感到十分饥饿，但是他只有一角钱了。他决定向一户人家讨口饭吃。当一个美丽的女孩打开房门的时候，这个小男孩却有点不知所措了，他没有要饭，只乞求给他一口水喝。但是这个女孩拿了一大杯牛奶给他。男孩慢慢地喝完牛奶，问道："我应该付多少钱？"女孩回答道："一分钱也不用付。你现在在困难中，我应该帮助你。"这个男孩十分感动，牢牢地记住了这一次受赠。

数年之后，当年的那个小男孩已成为有名的医生了，不幸的是那位善良的女孩得了一种罕见的重病，当地的医生对此束手无策。于是她被转到大城市医治，而在那群专家中恰恰就有当年的那个小男孩。

这位专家没有想到，他竟然与当年帮助过他的恩人在这里相遇了，他一眼就认出床上躺着的病人就是那位曾帮助过他的恩人。为了报答当年的馈赠牛奶之恩，他决心一定要竭尽所能治好这个女孩的病。老天不负有心人，经过努力，手术终于成功了。

当医药费通知单送到这位特殊的病人手中时，她不敢看，因为她确信，治病的费用将会花去她的全部家当。最后，她还是鼓起勇气，翻开了医药费通知单，突然之间，她泪流满面，因为旁边的那行小字引起了她的注意："谢谢您当年的一杯牛奶。"

帮助别人就是善待自己。我们每一个人都不是孤独地活在地球上，我们需要相亲相爱，共同与困难、灾难抗衡。或许天堂和地狱的区别便在于此：地狱，一个自私自利、不为他人着想的空间；而天堂则是一个互利互助、充满爱和关怀的花园。

不要吝啬你的举手之劳，为别人摘一颗星星的同时，你也可以感受到它的光亮。

拥有爱心，就拥有了希望和美好

人世间最宝贵的是什么？答案是有一颗爱心。善良的人总是处处把爱心奉献出来，造福他人。拥有一颗爱心，行善不求回报，你反而可能会得到意料之外的回馈。

这是发生在英国的一个真实的故事。

有位孤独的老人，无儿无女，又体弱多病，所以他决定搬到养老院去。老人宣布出售他漂亮的住宅。购买者蜂拥而至。住宅底价8万英镑，但人们很快就将它炒到了10万英镑。价钱还在不断攀升。老人深陷在沙发里，满目忧郁。是的，要不是健康状况不好，他是不会卖掉这栋陪他度过大半生的住宅的。

一个衣着朴素的青年来到老人眼前，弯下腰，低声说："先生，我也好想买这栋住宅，可我只有1万英镑。可是，如果您把住宅卖给我，我保证会让您依旧生活在这里，和我一起喝茶、读报、散步，天天都快快乐乐的。相信我，我会用整颗心来照顾您！"老人颔首微笑，把住宅以1万英镑的价钱卖给了他。

正因为这个青年有一颗爱心，能够包容这个可怜的老人，才能用这么少的钱买下这座住宅。因为老人知道，一颗金子般的爱心是多少钱也买不到的。

完成梦想，不一定非要冷酷地厮杀和欺诈，有时，只要你拥有一颗爱人之心就可以了。

一个刮着北风的寒冷夜晚，路边一间简陋的旅店来了一对上了年纪的客人，不幸的是，这间小旅店早就客满了。

“这已是我们寻找的第16家旅社了，这鬼天气，到处客满，我们怎么办呢？”这对老夫妻望着店外阴冷的夜晚发愁。

店里的小伙计不忍心这对老年客人受冻，便建议说：“如果你们不嫌弃的话，今晚就住在我的床铺上吧，打烊时我就在店堂打个地铺。”

老年夫妻非常感激，第二天照住店价格要付客房费，小伙计坚决拒绝了。临走时，老年夫妻开玩笑似的说：“你经营旅店的才能真够得上当一家五星级酒店的总经理。”

“那敢情好！起码收入多些，可以养活我的老母亲。”小伙计哈哈一笑，随口应和道。

没想到两年后的一天，小伙计收到一封寄自纽约的信，信中夹有一张来回纽约的机票，信中邀请他去拜访当年那对睡他床铺的老夫妻。

小伙计来到繁华的大都市纽约，老年夫妻把小伙计引到第5大街和34街交会处，指着那儿的一幢摩天大楼说：“这是一座专门为你兴建的五星级宾馆，现在我正式邀请你来当总经理。”

年轻的小伙计因为一次举手之劳的助人行为而美梦成真。这就是著名的奥斯多利亚大饭店经理乔治·波非特和他的恩人威廉先生一家的真实故事。

正因为生命中有了爱心，人生才能充满喜悦，拥有爱心就拥有了幸福。善良是生命中的黄金，是人性中最宝贵的财富，拥有爱心，就拥有了希望和美好。

人人都有孝心，社会将更稳定

“孝”是儒家伦理思想的核心，是千百年来中国社会维系家庭关系的道德准则，是中华民族的传统美德，是先辈传承下来的宝贵精神财富，是每个儿女应尽的义务，也是义不容辞的责任。孝敬父母，尊敬长辈，是做人的本分，是各种品德形成的前提，也是良好修养的最佳体现。父母恩情重如山、深似海，人生莫忘父母恩。

“树欲静而风不止，子欲养而亲不待”，出自《韩诗外传》卷九，这声叹息是皋鱼在父母死后有感而发的。皋鱼周游列国去寻师访友，故很少留在家乡侍奉父母。岂料父母相继去世，皋鱼才惊觉从此不能再尽孝道，深悔当初父母在世时未能好好侍亲，现在已追悔莫及了！皋鱼以这句话来比喻他痛失双亲的无奈。树木不喜随风摆动，否则便枝歪叶落，无奈劲风始终不肯停息，而树木便不断地被吹得摇头摆脑。风不止，是树的无奈；而亲不在，则是孝子的无奈！

父母是需要我们用一生去感谢的，因为他们是我们蹒跚学步的拐杖，是漂泊天涯游子的归巢，是我们人生的第一位老师，是我们成长路上不可缺少的引路人。有句老话说：“百善孝为先。”大意是，如果你想做个好人，那首先应该做到的是孝敬父母、尊重父母。

人们常说，父母恩最难报。愿我们每一个人能以当年父母对待小时候的我们那样，耐心、温柔地对待渐渐老去的父母，体谅他们，以反哺之心奉敬父母，以感恩之心孝顺父母！哪怕只是为父母换洗衣服，为父母喂饭送汤，为父母擦擦风湿油，按摩按摩酸痛的腰背。哪怕只是握着父母的手，搀扶着他们慢慢地散步，就像当年他们搀扶着蹒跚学步的我们一样。好好地爱父母，让我们的父母幸福、快乐地度过余生吧，一定不要造成“树欲静而风不止，子欲养而亲不待”的遗憾。

另外，“孝”还应建立在“敬心”之上。孝顺父母要真心实意，如果只有物质奉养而无精神慰藉，也不能称得上是“孝”。一般来说，父母进入中年以后，体力和精力都不及从前了。所以，做子女的要多关心体贴父母，尽可能为父母分担家务劳动，料理好个人生活，不让父母操心，减轻父母的负担。同时，当子女的，还应该经常关心父母的身体健康状况，嘘寒问暖。当父母生病时，更需要细心照料。父母遇到不称心的事时，要热心地为他们分忧解愁。父母年老体弱、丧失劳动能力以后，理应得到子女更多的照顾。而且，既要在物质上给予充分的帮助，更要在精神上关心、体贴老人。

作为为人之本，“孝”贯穿于人类生活的始终，而理解与宽容则是尽孝的一贯精神。一个不能理解父母，只是固执己见的人是难以真正对父母尽孝的。因为他和父母生活在两个相互隔绝的心灵世界中，这是很尴尬、很悲哀的一件事。而要想真正理解父母还要善于接受父母的意见，实现他们的心愿。因为，孝的根本就在于愉悦父母。而我们在父母身心愉悦的过程中，自己也获得了一种心灵的满足。所以孔子讲：“又敬不违，劳而不怨。”所谓孝的意义亦由此得以体现出来。

作为子女，记住老人的生日是对父爱、母爱的一种回报，是尊老敬老的具体表现。物质赡养和精神赡养构成了“孝”的内涵，这两者是密不可分的，而精神赡养有时比物质赡养更重要。

生日，是一个人的生命痕迹，是人生的阶段性印记。祝贺生日这一形式，体现着人性关怀的色彩。少年儿童的生日是成长的欣喜，犹如破土而出的幼苗生机勃勃；青年人的生日是激情的迸发，如美丽的花朵绽放着青春和浪漫；中年人的生日是拼搏的颂歌，犹如莽莽的森林般深沉和厚重；而老人的生日是生活的恋歌，犹如辉煌的落日，在炫目的金色中浸润着淡泊宁静和依依不舍的忧愁。老年人已进入暮年，过一年就少一年，因而为他们过生日就显得弥足珍贵。于是，我们更有理由记住老人的生日，因为这意味着记住了自己的责任，更记住了人类文明的真谛。

的确，记住父母的生日也是一种孝的表现。可是，众所周知，所有的父母都能够记住子女的年龄、生日，可是，所有的孩子却不一定都能够记住父母的年龄，就算能够勉强记住父母的年龄，又有多少人能够记得住父母的生日呢?

某调查机构对100名40岁以下的中青年进行了一个对家庭成员生日、年龄记忆的测试，调查结果显示，100人中有57人不知道父母的生日，74人不知道父母的具体年龄。可是，当问及孩子和爱人的生日及年龄时，几乎全都能迅速、准确地回答出来。

记住孩子和爱人的生日无可厚非，亦是亲情使然。然而，多达57%的人忘记了父母的生日，这是应该引起年轻人深思的。

其实，父母生了我们，养了我们，他们的要求并不高。或许只是需要我们常回家看看，有一句“爸、妈，你们好吗？”的问候一起坐下来吃一顿家常便饭，陪母亲逛逛街、唠唠家常，帮父亲捶捶后背、揉揉肩……他们就无比满足了。而不是像中央电视台那则公益广告《都忙都忙》中的老人那样，做了一桌子饭菜等儿女们回来，儿女们一个个有事又不回家吃饭，老人只能在一间空旷的大房间里，对着电视机怅然若失。

总之，无论社会如何发展，无论时代如何变化，孝敬父母，永远都不应该成为落后于时代的思想、成为不符合现实的“古董”，而应该成为我们永远遵循的最基本的道德修养准则。“孝”是营造和谐家庭、亲融社会关系的贴身法宝。只有我们与父母的关系融洽了，只有我们的家庭关系和睦了，我们的整个社会才能够和谐、稳定。

打心眼儿里尊重别人，你同样会得到别人的尊重

人与人之间的交流，应该建立在互相尊重的基础上。人唯有尊重他人，才能赢得他人对自己的尊重。如果你是一个与其他人相处融洽的人，别人会对你产生好的印象。要想为自己打造一个好名声，被公认为是值得尊重和受欢迎的人，有很长的路要走。

与人交往时，我们要做的第一件事就是给予对方足够的尊重。尊重他人不仅仅是一种态度，也是一种能力和美德，它需要设身处地为他人着想，维护他人的尊严。

有一天，华盛顿身穿没膝的大衣独自走出营房。他所遇到的士兵，没有一个人认出他。在一个地方，他看到一个下士领着手下的士兵正在修筑街垒。那位下士把自己的双手插在衣袋里，只是对抬着巨大的石块的士兵们发号施令。尽管下士的喉咙都快要喊破了，士兵们经过多次努力，还是不能把石头放到位置上。士兵们的力气快要用完了，石块眼看着就要滚下来了。

这时，华盛顿已经疾步上前，用他强劲的臂膀顶住石块。这一援助很及时，石块终于放到了合适的位置上。士兵们转过身，拥抱华盛顿，并表示感谢。华盛顿问那个下士说："你为什么光喊加油而将自己的双手放在衣袋里？""你问我，你傻了？难道你看不出我是这里的下士吗？"那下士鼻孔朝天，背着手，很不以为意地回答说。

华盛顿听那下士这样回答，就不慌不忙地解开自己的大衣纽扣向那个傲气十足的下士露出自己的军服，说："从衣服看，我是上将。不过，

下次再抬重东西时，你就叫上我。”那个下士这才知道自己面前的人是华盛顿，他一下子羞愧到了极点。但至此他才真正懂得：伟大的人之所以伟大，就在于他决不做逼人尊重的那种令人倒胃口的蠢事。

华盛顿和下士虽然军衔高低不同，但都是领导人物，无疑都要使别人尊重自己的需要，以便在组织工作中能产生最佳的工作效益。但人都有一定的自尊心，你要想别人尊重你，你首先便要尊重别人。一个不尊重别人的人，是绝不会得到别人的尊重的。

要做到尊重他人，首先必须平等地对待每一个人。心理学研究表明，人都有友爱和受尊敬的欲望，并且交友和受尊重的希望都非常强烈。人们渴望自立，成为家庭和社会中真正的一员，平等地同他人进行沟通。如果你能以平等的姿态与人沟通，对方就会觉得受到尊重，而对你产生好感；相反的，如果你自觉高人一等，而居高临下、盛气凌人地与人沟通，对方会感到自尊受到了伤害而拒绝与你交往。

尊重每一个人，是人性化的直观体现。无论对方的地位是高贵还是卑微，我们都应该百分之百地尊重对方。虽然人有富贵、贫穷之分，但在人格上，所有人都一律平等。因此，与人交往时，我们要做的第一件事就是给予对方足够的尊重，否则，即使你是国王，也无法获得一个乞丐的真心爱戴。

古时候，一位国王在带领大臣们狩猎的途中，遇到了一个年轻的乞丐。国王见这个乞丐眉宇间透着一股英气，虽然衣衫褴褛，但掩饰不住他身上的那种独特的气质。于是，国王下马道：“年轻人，你愿意跟随我，做我的侍卫吗？我保证你衣食无忧。”那位乞丐一听，大喜，忙跪下磕头谢恩。于是，国王把他带回王宫。这名乞丐经过一番梳洗并换上侍卫的衣服后果然显得英气逼人，而且他还具备一般人所不具有的智慧。

两个月后，国王便升他为卫队长。年轻人为了报答国王的知遇之恩，不仅带领士兵们尽心尽力地保护国王和维护王宫的安全，还积极地为国王出谋划策，向他提出极有价值的治国策略。然而，围绕在国王身边的一些小人却对这位年轻人的受宠感到极为不满。于是，他们轮流在国王耳边说："那小子不过是一个乞丐，您没有必要赐给他锦衣玉食。""让他滚得远远的吧，我看他现在骄傲得很，准是没安好心。"

国王在众小人的挑拨下，慢慢地不再信任和重用年轻人了。有时，国王甚至在宴会上当着文武百官的面说"喂！小乞丐，如果没有本王，你现在肯定还是一个又臭又脏的乞丐，不，或者早已饿死，被野狗们分吃了"或者是"小乞丐，过来学两声狗叫，让本王开开心"。每每此时，那些大臣们便附和着国王的笑声，恣意地朝年轻人吐唾沫，或者是恶劣地嘲笑。

一天早晨，那位年轻人不辞而别了。国王很是不解，心想："难道他不习惯王宫里的锦衣玉食，又回去做他的乞丐了吗？"

的确，那位年轻人现在又是一个又脏又臭的乞丐了，但他离开王宫的原因不是不习惯那里的锦衣玉食，而是无法忍受国王对自己人格的侮辱，因此，他宁愿放弃优越的物质生活，去当一个自由自在的乞丐。

我们都知道，生理需求是人最基本、最单纯的需要，当人的生理需求被满足后，就会追求社会认同、他人认同和自身心理上的一些较为高级的需求。但是，从上面的小故事中我们可以看出，即使生理需求无法得到很好的满足，即使不能再过锦衣玉食的生活，即使还要去当一名小乞丐，可这同人的尊严比起来，都不是重要的。在现代社会，几乎每个人都不必再为衣食担忧，所以人们更加渴望获得他人的尊重，希望人格与自身价值被承认，这也是人类共同的特质。

我们都知道作用力与反作用力的理论，这个理论指出，当你向一个物体施加力量时，这个物体将反作用给你一个完全相等的力。这一原则同样可以运用在为人处世中。事实上，当你对别人的尊重多一分时，别人对你的尊重也在相应地增加，甚至会加倍增加。

尊重他人，就是尊重自己。事实上，尊重他人还是你获得合作的保证。在这种情况下，就能建立起公平和信任，并能互相交换真情、态度、感情和需要。有了这种条件后，就可以创造性地找到解决问题的方法，从而使双方都成为胜利者。

没有人会讨厌一个豁达大度的人

伟大的心理学家汉斯·塞利说："就像我们渴望获得承认一样，我们害怕受到谴责。"

一天，国防部部长斯坦顿走进了林肯的办公室，怒气冲冲地对林肯诉说一位少将用侮辱的话指责他偏袒一些人。林肯听了，建议他写封信针锋相对地反驳，并说："你也可以狠狠地刺痛他一下嘛。"斯坦顿立即写了一封措辞强硬的信拿给总统看。林肯看罢，大声喊道："对了对了。写得好！严厉地批评他一顿，这是个最好的办法，斯坦顿。"

但是当斯坦顿把信叠好快要放进信封时，林肯却又阻止了他，问道："你打算怎样处置它？""寄出去呀。"斯坦顿一时犯了糊涂，不知是怎么回事。"不要胡闹，"林肯大声说，"你不应把信寄出，快把它扔进火炉中去吧。每次当我发火时，我就尽情地写信发泄发泄，写完后就把它扔了，我每次总是这样。可知这是一封很起作用的信。当你花了许多时间把它写好时，不消说你的气已经消了，也已心平气和了。如果没有，那么现在再写第二封信吧。"

国防部部长理解地点了点头，十分感激总统的指点，他从林肯这里又学到了新的东西。

林肯让斯坦顿既痛快地宣泄了一番，又没有伤害别人，怒火自生自灭。喜怒哀乐，原本是人的正常心理，太压抑自然会使自己透不过气，太放纵性情又容易伤害别人。所以林肯的这种建议不失为两全其美之策。

人们在日常生活中，常常用“海纳百川”去形容那些肚量大，能包容种种不同意见、不同看法，能与各种不同性格的人相处，而且也能够经受挫折与打击的人，并且亲切地称他们是“心大”的“难得糊涂”的人。人们总是瞧不起那些小肚鸡肠的小心眼和心胸狭隘的小人。

当我们恨我们的仇人时，就等于给了他们制胜的力量。那力量能够妨碍我们的睡眠、我们的胃口、我们的血压、我们的健康和我们的快乐。要是我们的仇人知道他们如何令我们担心、令我们苦恼、令我们一心报复的话，他们一定会高兴得跳起舞来。我们心中的恨意完全不能伤害到他们，却使我们的生活变得像地狱一般。

“要是自私的人想占你的便宜，就不要去理会他们，更不要想去报复。当你想跟他扯平的时候，你伤害自己的，比伤到那家伙的更多……”这段话听起来好像是个理想主义者说的，其实不然，这段话出现在一份由米尔瓦在警察局发出的通告上。报复怎么会伤害你呢？伤害的地方可多了，根据《生活》杂志的报道，报复甚至会损害你的健康。“高血压患者最主要的特征就是容易愤慨，”《生活》杂志说，“愤怒不止的话，长期性的高血压和心脏病就会随之而来。”

12年前的一个晚上，莱恩进入一家酒吧。这家酒吧规定，顾客入场前应领取一张入场券，如遗失，须付5美元。莱恩说未见到该项通告，他进酒吧后也没有吃喝什么东西，只不过与朋友谈了一会儿话。当莱恩离开时，酒吧服务员要他出示入场券，他拿不出，服务员要他付款5美元，他拒绝，双方为此发生争吵，后来又闹到法院。由于双方都不让步，因而展开了一场旷日持久的法律战，历时12年，应付诉讼费和其他费用累积已达16.5万美元。

无宽容之心不但很难成大器，闹出上面的笑话来也是令人既生气又可笑的事。你可以断定，莱恩不会有一个好胃口，除非他是要没事找事或想体验法律大战。

莎士比亚是一个善于宽待人的人，他说："不要因为你的敌人而燃起一把怒火，炽热得烧伤你自己。"

纵观古今中外，天降大任须有大气度受之。拥有一颗豁达大度的糊涂心是你一辈子快乐、成功的法宝。史蒂文森曾经乐观地证明过这一点。

史蒂文森曾连续两度竞选美国总统，都未能如愿，这是件很丢脸的事。但他却有足够的胸怀来正视自己的处境。因此，竞选不利不但未压倒他，反而增添了他的个人魅力。从他在得知竞选结果后答复友人询问的话中，我们就可以感受到他宽大的胸怀。1952年，史蒂文森第一次竞选美国总统失败，阿利斯泰尔·库克与他交谈了一次，在谈到失败问题时，史蒂文森的回答是："毕竟，除了我还有谁会与艾森豪威尔较量呢？"4年后，史蒂文森再次被艾森豪威尔击败，库克又给史蒂文森发来了表示关切的电报，上写："现在怎么样？"回电很快就来了："除了我，还有谁会与艾森豪威尔做两次较量呢？"史蒂文森并不以自己的失败为耻，反而以自己敢于同强手两次对阵而荣，这就是大胸怀。

史蒂文森对于自己的失败没有抱怨、责备，而是用一种积极的眼光去看待自己："除了我还有谁会与艾森豪威尔较量呢？"

事实上，抱怨和责怪只能使人泄气和烦恼，而豁达地看待自己的失败，豁达地看待自己的对手，甚至豁达地原谅别人对自己犯下的错，才是一位真正有"糊涂心"的幸福人士。

关爱世界，做个有大慈悲心的人

钦山和尚与雪峰禅师一起前往江西洞山，停下来歇息的时候，雪峰脱下鞋，发现又磨破了两处衬底，不觉惋惜地说道："您挺着点儿，咱们还要走三个月才能到江西洞山哪！"钦山见雪峰对着一双鞋子自言自语，忍不住笑了，说道："对一双鞋子也这样礼拜，真是有佛心啊！"

雪峰说道："懂得珍惜的人，才能领悟生命的奥秘！"正说着，钦山突然叫喊起来："看！河里漂下来一片菜叶！河流上游肯定有人家，我们到那里去渡人吧？"

雪峰说："这么好的菜叶居然丢掉，实在是太可惜了，这样不知道珍惜的人太不值得我们去渡了，还是到别的地方去吧！"然后伸手把菜叶捞了起来。两个人正要起身离去的时候，突然看见一个人顺着河水飞跑下来，大声地喊道："喂！喂！和尚，你们有没有看见一片菜叶从上游漂下来？那是我刚才洗菜时不小心被水冲走的，要是找不回来就太可惜了，多好的一片菜叶呀！"雪峰把菜叶从兜里拿出来，那个人高兴地说："好哇！终于找回来了！"不知道珍惜生活中的一点一滴，怎么能够认清生命的本来面目呢？

两人互相望了一眼，不约而同地向上游走去……

能够爱惜一片菜叶，这是心怀悲悯的人。有佛性的人，万物在他的眼中都是有性情的，都是值得关爱的。

有位僧人在云游途中，来到一位老妇人管理的庵堂前小憩。

僧人问老妇人："师姑！这座庵堂除您以外，还有其他亲人吗？"

"有啊！"老妇人回答。

僧人又问："可是我怎么没有看到啊？"

老妇人回答："哦！山河、大地、花、树木都是我的亲人啊！"

僧人疑惑："无情不是有情，那些山河草木怎么是师姑您的样子啊？"

老妇人反问说："那你看我是什么样子啊？"

僧人干脆说："您是一个世俗之人而已！"

老妇人不高兴地说："我看你也不是出家人！"

僧人忙说："师姑啊！你可不能混淆佛法呀！"

"我并没有混淆佛法啊！"老妇人说。

僧人反问说："俗人主持庵堂，草木都成了道友，你这不是在混淆佛法是什么呢？"

老妇人说："禅师！你不可以这样说，要知道你是男人，我是女人，什么时候混淆了？"

老妇人的佛性比僧人要高出许多，因为宇宙万物实为一体，怎有分别？能够爱惜一草一木，能将它们看成有情之物、看成道友，这样的心怀才是真的慈悲心。

有大慈悲的人，看的是心中大世界，不是眼中小世界。所行之善不只是助人方便的小善，更有关系民生的大善。他们热爱和平，善待生命，崇尚自然，珍视万物，保护环境，维护生态平衡。热爱和平，善待生命，不仅指人类之间要消除仇恨和战争，而且包括消除人类与自然万物之间的仇恨和战争。

作为生活在当下的我们，每一个人都有责任为我们的环境做出贡献，从自己做起，从影响身边人做起，努力让天空保持蓝色，让田野保持绿色，让空气保持清新。心怀这样的目标，你才是真的慈悲之人。

第九章　正确的为人处世，才不会招人反感

为人处世的能力对于一个社会人是再重要不过的了。在社会上行走，怎么做人，如何做事，必须有正确的思想指引。人做不好，事办得差，再有才华也难以立足。所以，为免遭人反感，一定要学会为人处世。

嘴不对着心，无人敢相信

做人要拥有堂堂正正、坦坦荡荡、让人信得过的人格魅力，这样才能处处受人欢迎。然而生活中的有些人却不够真诚，常常口是心非，不以真诚示人。口是心非，顾名思义，就是表面上说得天花乱坠，而内心则全非如此；表面上对你百依百顺，而实际上则是我行我素；嘴里说着对你的赞誉之词，而内心则是诅咒你不得好死……如果长期生活在这些人当中，吃过几次亏之后，无论是谁都会增强戒备之心，对他的话加上几个问号的。但是话又说回来，如果每个人都变成了这样，都像戴着一副面具那样（而且是慈善面具），那生活还有什么意思呢？人与人之间的真诚、友爱要到哪里去找呢？所以说，我们每一个人，特别是年轻人，要努力去扭转这种局面，要有正气，要学会真诚，切不可做个口是心非的人。

口是心非，对别人不真诚，会使你失去许多宝贵的东西。就像上面说的，你嘴不对着心，表里不如一，对别人人前一套、人后一套，反过来别人也会如此对你。仔细想一想，这样的生活岂不是很累？每天都要去琢磨别人讲的每一句话，哪句话是真的，哪句话是假的，全然无暇顾及生活中的其他事，使得时间在你的眼前无声无息地流逝掉。

口是心非的人最善于勾心斗角。因为他每天都在考虑如何表面应付别人，行动上又如何算计别人。与这种人相处是非常危险的。因为你不知道他心里到底是怎么想的。在文学史上，《伪君子》中的达尔杜弗是口是心非的最典型的代表，他已成为“伪善、故作虔诚的奸徒”的代名词。他表面上是上帝的使者、虔诚的教徒，而实际上则是个色鬼，是个贪财者；他表面上对奥尔贡一家恭维，而实际上则用最卑鄙的手段去谋害这一家人。可以说他是个表面上好话说尽实际上坏事做绝的最无耻、最卑鄙的小人。但是他最终的结局呢？他的这一套无耻的手段终于被人识破了，西洋镜最终被人揭穿，达尔杜弗成了万人唾弃的小人。他整天想着如何算计别人，最终把自己推进了万丈深渊。

口是心非与虚伪可以说是同义词。因为口是心非的人为了掩饰自己内心的想法，必然要用谎言去应付别人。谎言说多了，被别人识破了，他也就成为了一个虚伪的人。任何一个有自尊心的人都是不愿被别人称为“伪”人的。一旦在别人的心目中是个虚伪的人，那你的生活将是很痛苦的，到处是不信任的眼光，到处是不信任的口吻，转过身来人们对你应付一下，转过身去你将成为众矢之的，那滋味真是难受极了。

作伪或说谎，即使它可能在某些场合发挥作用，但总之，其罪恶是远远超过其益处的。因为经常作伪者绝不是高尚的人，而是邪恶的人。当然，一个人不可能一下子就变坏。一个人起初也许只是为了掩饰事情的某一点而做一点伪事，但后来他就不得不做更多的伪事、说更多的谎话，以便掩饰与那一点相关联的一切。总结起来，做伪事、说谎话，口是心非大概出于以下几种目的：其一是为了迷惑对手，使对方对自己不加防备，以便达到自己的目的；其二是为了给自己留一条退路，这也是为了保全自己，以便再战；其三嘛，则是以谎言为诱饵，探悉对手的意图，这种人是最危险的。西班牙人有一句俗语：说一个假的意向，以便了解一个真情。也许，这些目的有的可能不能算作太恶。但作为口是心非者，其说谎或作伪的害处却是很大的。首先，说谎者永远是虚弱的，因为他不得不随时提防着被揭露，就像一只伪装成人的猴子一样，他要时刻防备被人抓住尾巴；其次，口是心非者最容易失去合作者，因为他对别人不信任、不真诚，别人也就以其人之道还治其人之身；最后，也是最重要的一点，口是心非者终将失去人格——毁掉他人对自己的信任。可以说，世界上恐怕没有比失去人格更可悲、更可痛的事了。

因此说，做人就要做个真诚的人，要言行一致。“口言之，身必行之。”墨子这句话是很对的。对待别人要诚实，不要两面三刀。林肯讲过：“你能在所有的时候欺骗某些人，也能在某些时候欺骗所有的人，但你不能在所有的时候欺骗所有的人。”是的，在工于心计、算计别人中度过一生，是不可能的，即使可能，也是很累、很痛苦的一生。坦诚地做人，用一颗真诚的心去对待别人，大气一点，别伪饰，别背后使坏，不要成为一个口是心非的小人，这样的生活才更加舒坦。

争辩是自毁形象最快捷的方式

有位很爱冲动的爱尔兰人，名叫欧哈瑞，他做过汽车司机，后来开始推销卡车。他老是跟顾客争辩，如果对方挑剔他的车，他就和顾客争辩到底。每次他都说：“我总算整了那笨蛋一次。”可是他一辆车也没有卖出去。

后来他训练自控，避免发生口角，成为了纽约怀德汽车公司的明星推销员。他是怎么成功的呢？

他说：“如果我现在走进顾客的办公室，对方说：‘什么？怀德卡车？不好！你送我我都不要，我要的是何赛的卡车。’我会说：‘老兄，何赛的货色的确不错。买他们的卡车绝对错不了。何赛的车是优良公司的产品，业务员也呱呱叫。’

“这样他就无话可说，没有抬杠的余地了。接着我们就不再谈何赛，我开始介绍怀德的优点。

“以前若是听到那种话，我早就气得脸红一阵白一阵了，我会挑何赛的错。我愈批评别的车子不好，对方就愈说它好；愈辩论，对方就愈喜欢我竞争对手的产品。

“现在回忆起来，真不知道过去是怎么干推销的，我一生在抬杠上花了不少时间……”

正如睿智的本杰明·富兰克林所说的：“如果你老是抬杠、反驳，也许偶尔能获胜，但那是空洞的胜，因为你永远得不到对方的好感。”

你是要那种表面上的胜利，还是别人对你的好感呢?

威尔逊总统任用的财政部部长威廉·麦肯铎，把多年的政治经验归结为一句话：“靠辩论不可能使人服气。”其实，不论对方的聪明才智如何，你都不可能靠辩论改变任何人的想法。

所得税顾问派生，为了一笔9000元钱的税收款，跟政府一位税务稽核员争论了一个小时。那位稽核员非常冷酷、傲慢，而且顽固，任何解释和理由都没有用……愈是争执，他愈固执，所以派生决定改变话题，捧他几句。

他认真地说：“比起其他要你处理的重要而困难的事情，我想这实在是不足挂齿的小事。我也研究过税务问题，但那是书上的死知识，你的知识全是来自于实际工作的经验。有时我真想有份像你这样的工作，那样我就会学到很多。”

这下，稽核员在椅子上伸直身子，花很时间谈论他的工作，说他发现过许多税务上的鬼花样。他的口气慢慢地友善起来，接着又谈起他的孩子。临别的时候，他说再研究研究派生的问题，过几天再通知结果。

三天后，派生接到电话，那笔所得税决定不征了。

这位税务稽核员表现出了人性中最常见的弱点，他要的是一种重要人物的感觉。派生愈和他争论，他愈要高声强调职务上的权威。一旦对方承认了他的权威，争执自然偃旗息鼓，他就变成一位富于宽容和有同情心的人了。

我们知道，每个人都有自己坚持的立场，在双方立场背道而驰，且各执己见的情况下，就极易产生争辩，而争辩却是最差的沟通方式。

避开尖锐的争辩，迂回地使用较轻松的方式来促使对方接受我们的看法，这是需要谙熟沟通的艺术方能达成的。

而真正达到这种境界，所仰仗的并非表面的技巧或纯熟的机变。应是借由自己秉持的正确态度，使之衍生出坚定的信心、诚恳的关怀、智慧的判断，再配合幽默的反应，融合而成完美的应对。

缺少修养的人毫无魅力可言

一个人的魅力，并非靠他背后的学历来做支柱，而是靠他平时所积聚下来的涵养，即一个人的礼貌修养。然而有人在社交上就存在这样的弱点——缺少修养。

一位朋友对我述说了这样一个故事。

“我去某公司应聘，面试时，外面等了很多人，叫到谁，谁就去经理室。叫到我时，我在门口敲门问：‘我可以进来吗？’经理说可以，我才进去。

“几天后，我就被该公司聘上。过了一段时间，我与经理熟了，就问他聘我是看中我什么优点。经理回答：‘说老实话，你哪一条都不比别人强，我看中你的，是你进房时敲了门。敲门说明你懂礼貌，而懂礼貌，说明你有教养，有教养的人不说能在公司有大的作为，起码不会给公司制造乱子。’”

一个小小的细节，却体现了一个人的修养。修养是人内在的品质，但这种内在的品质正是通过人外在的礼貌表现出来的。

良好的修养可以替代财富。对于有修养的人来说，所有的大门都向他们敞开，即使他们身无分文，也会随时随地受到人们热情的接待。一个言行得体、谦和友善、助人为乐、举手投足无不具有绅士风范的人，在成功的道路上将会畅通无阻。

良好的举止足以弥补一切自然的缺陷。通常，一个人最吸引我们的，不是容貌的美丽，而是举止仪态的优雅。古时候，希腊人认为美貌是上帝的特殊恩宠，但同时，如果一个美貌的人表现出某种不好的内在品质，就不再值得他们膜拜。在古希腊人的理想中，外在的美貌其实是某种内在美好气质的反映，这些气质包括快乐、和善、自足、宽厚和友爱等。

法国政治家米拉波是一个出名的丑男，据说他长了一张麻子脸，但没有人不被他的风度所折服。

据说，古希腊著名画家阿佩利斯为了画好日后风靡希腊的美神图，事先曾专程到各地游历，以便仔细观察各类年轻貌美的女子，将她们的长处都汇集到他画的美神身上。整个过程历时数年之久。同样的道理，一个举止文明的人，应当注意观察、研究他所接触的各种文化圈子里的人，择其善者而从之，这样才能使自己拥有真正的修养。

有修养的人不用付出太多就可以享有一切，他们在哪里都能让人感到阳光一样的温暖，到处都会受到人们的欢迎。因为他们带来的是光明、是欢乐。一切妒忌、卑劣的心思，遇到他们就会举手投降，因为它们肯定也会受到他们那种与人为善的态度的感染。

蜜蜂怎么会去蜇一个浑身都是蜜的人呢?

正像英国政治家柴斯特菲尔德所说的：“只要一个人自身有修养，不管别人的举止怎么不适当，都不能伤他一根毫毛。他自然就给人一种凛然不可侵犯的威仪，会受到所有人的尊重。而没有修养的人，容易让人生出侮慢的心理。这就是为什么人们在马尔·波罗公爵面前从来不会口出秽言的原因。同样的道理，在罗伯特·瓦尔波爵士那里从来没有人能说出正儿八经的话来。”

所以，如果一个人要让自己真正变得有修养，那么，他就应该从日常生活中的一点一滴做起。

曾经有一个人，他在对待自己的家人和仆人时，脾气粗暴，动辄发怒，要不就是一言不发，整天拉长个脸，而且还十分小气。如果他的妻子想要买一件衣服，向他要些钱，他也会一口回绝，还指责妻子花钱大手大脚："像你那样，就算是有百万家财也会被你败光。"

正在这个时候，门铃响了，有邻居过来串门。我们可以看到，这个人整个变了模样：刚才还在狮子吼，现在却温顺如绵羊，一下子变得彬彬有礼、慷慨大方起来，说起话来也滔滔不绝，真不知道是谁对他施了什么魔法。一会儿，客人走了，女儿来到父亲的面前，央求他能不能还像刚才那样。但这种状态只持续了几分钟，很快地他又回到了平时那种阴郁的心境，刚才谦和体谅的态度已经不知跑到哪儿去了。他还是从前那头脾气暴躁、让人嫌恶的"狮子"。

著名的约翰逊博士也是这一方面的例子。

他的朋友每次看到他吃东西时就想起爱斯基摩人的样子。还有，如果有谁和他意见不一致，他就会冲着别人大喊"骗子"，这种时候，他的朋友们往往没有一个不心惊胆战的。结果，他们送给他一个绰号——"大狗熊"。

根据社会活动家本杰明·拉什的描述，在伦敦的一次宴会上，哥尔德斯密斯提了一个关于"美洲印第安人"的问题。约翰逊博士高声说道："即使美洲的印第安人也不会问出这么笨的问题。""先生，"哥尔德斯密斯针锋相对，"美洲的野蛮人也不会这么粗暴地和绅士说话。"

早在两千年前，亚里士多德就曾描述过一个真正的绅士应该是什么样子："无论身处顺境、逆境，一个宽宏大量的人总是追求行事适度。他不期望人们的欢呼喝彩，也不允许别人对他嘲弄贬低；成功的时候不会得意忘形，遭受了失败也不会愁眉苦脸。他不会去做无谓的冒险，也不会随随便便地谈论自己或者别人；他不在意别人的毁誉，也不会对人求全责备。”

真正的绅士应当表里如一。一个真正的绅士举止温文尔雅、谦逊知礼，不会轻易动怒，更不会主动挑衅。他从不恶意猜度别人，至于自己去作恶，那更是想都没有想过的事情。他努力克制自己的欲望，提高自己的品位，出言谨慎，注重细节。当我们脑中有这样的思想，身体上有这样的行为，我们就会成为一个受人欢迎的人。

做一个有原则的人，赢得更多的尊重

为人处世，要坚持自己的原则，坚定自己的信念，认识自己的优点，肯定自己的价值。原则就是保持一个人的本色。在与人共事时，保持做人的本色是很重要的。此外，要想在社交场合中赢得更多人的尊重，就要保持良好的自我本色，学会积极处世。

坚持原则，就要体现自己的信念。有些人听到别人对自己的消极评价之后，往往会感到沮丧，对自己所做事情的对错产生怀疑。因为他们太在意别人的看法了，经常会被旁人的看法和意见所左右。这种心态，其实对自己十分不利。这种人在与人交往时显得过分敏感，往往会对别人的言谈举止“体察入微”，有时会被这种心理弄得很不自然，感到十分痛苦，甚至影响到正常生活。这是一种典型的、缺乏自信的表现。要想增加成功的可能性，就要坚持自己的原则，坚持自己的信念，按照自己的既定思路去做，决不轻易被他人的意见所左右。

坚持自己的原则，必须有自知之明。“知己知彼，百战不殆”。与人交往的过程，实际上就是一个有目的地、很好地展现自我形象的过程。有自知之明的人，才能展现出自己的才能、发挥自己的长处，提高双方沟通与交流的效率，在最短的时间内迎来真诚的合作。

坚持自己的原则，就要自我肯定。人与人之间是平等的。处理人际关系时，同样需要这种勇于面对自我和自我肯定的态度。只要你有崇高的信念，有更高境界的追求，并愿为自己的理想而奋斗，就可以昂首阔步、自信地向前迈进。

需要注意的是，坚持自己的原则固然重要，但不要将自己的意见强加给别人。人们都喜欢拥有独立的思想，没有人喜欢被人强迫去做一件事。人人都喜欢按照自己的意思行动，希望别人在做事时征询自己的意见，不喜欢别人妄作主张。但是有些人做事的时候往往忽略这一点，那是因为他们做事的时候被一种占有和控制的欲望驱使着，想把自己的意见强加给别人，希望别人按照自己意愿从事。用强制的方法，你是永远得不到满足的，但若适当让步，你就可能得到比你期待的更多的东西。参考别人的意见，学习别人的方法，才能让自己不断进步；尊重他人的意见，采纳别人的建议，对双方都有好处，何乐而不为呢？

在与人交往的过程中，听比说更有价值

在很多人的思维观念里，总认为说得多别人才更容易理解，更容易认同，或者自己更容易掌握主动权。事实上，这种思维是错误的，在与人交往的过程中，听比说更有价值。倾听，既是一种礼貌，也是一种策略，它能让自己有一种主体感和独立感。诚挚地聆听别人的倾诉，不只是一种同情和理解，不只是一种单向的付出，更是一种关爱和礼貌。

相反，那些不善于倾听的人，往往不顾别人的感受，只顾自我吹嘘，因此他们在多数场合是不受欢迎的。而且，任何人都有一种逆反心理，都会自然而然地在心中对你的吹嘘贬斥一顿。优点最好由别人去发现，这样才有人际交往中的震慑力和神秘感，也就是很多人梦寐以求的“魅力”。

王先生在他刚到工作单位的那段日子里，在同事中几乎连一个朋友都没有。那时他正春风得意，对自己的机遇和才能非常得意。因此每天都极力吹嘘他在工作中的成绩，吹嘘每天有多少人找他帮忙等。然而同事们听了之后不仅没有人分享他的“成就”，而且还极不高兴。后来还是老父亲一语点破，他才意识到自己的错误。从此，他就很少谈自己的成就而开始多听同事说话了，因为他们也有很多事情要吹嘘，让他们把自己的成就说出来，远比听别人吹嘘更令他们兴奋。后来，每当王先生有时间与同事闲

聊的时候，他总是先请对方滔滔不绝地把他们的成就炫耀出来，仅仅在对方问他的时候，才谦虚地表露一下自己。

人们一致认为，善于倾听的人，别人欢迎，自己长智。而善于倾听的人，往往又善于沉默。善于沉默也是正确判断的基础，它会让你细心地倾听他人的意见。积极倾听的人把自己的全部精力——包括具体的知觉、态度、信仰、感情以及直觉等都或多或少地投入到听的活动中去，从而集思广益。

空白之处，能给人以联想、思考；沉默之中，蕴含着万语千言。有时，保持沉默会比解说、辩护更为有效。特别是在自我辩解时，适当地使用沉默，有时可免于陷入纠缠，达到良好的效果。另外，适时地沉默、适时地寡言，不仅能体现一个人的内在力量与修养，而且还是一种交际技巧。

聆听，不仅是一种关爱也是一种礼貌。办事的能力不光体现在嘴上，而是体现在行动的过程中。

一次，小李和小杨一起喝酒，他们是互不设防的知心朋友，半斤酒下肚，痛苦的小杨便一股脑儿地把他的苦水倒了出来。

小杨在一家企业里当个中层。平日里，他身体力行，谨小慎微，忙忙碌碌，吃苦受累，图的是向上有个好交代，向下讨个好口碑。在家里，妻子承担了全部家务，天长日久，怨忧日甚，不是常常弄个黑脸给他看，就是时不时地施放冷嘲热讽的“利箭”。厂里家内，他受两面夹击，已忍无可忍。小李默默地聆听着小杨的诉说，并择机疏导安慰。那一晚，小杨很感动，当他们走出饭店时，夜空已繁星点点，街市已灯火辉煌，小杨的步履变得轻捷了，口中不由得哼起了小曲。

现代人的生活充满了压力，我们蛰居在这个钢筋混凝土构筑的都市里，难免会疲惫，难免会苦恼，或因事业受挫，或因身虚体弱，或因家庭出现危机，或因恋爱告吹，或因遭到流言中伤。生活就是这样，你无法拒绝这不期而至的苦恼。有的人由此神情沮丧、士气低落、脾气暴躁、情绪不宁。陷入此境的人，很需要宣泄的通道，需要有人聆听他的倾诉，需要朋友、同事的慰藉。如果我们能对此给予理解和真诚的疏导，他们还会是搏击长空的鹰，还会创造更大的辉煌。反之，如果没有人愿意聆听苦恼人的倾诉，或是随意地打发他们，那么无疑是把他们推向更不愉快的境地，那对他们来说无疑是痛苦的深渊。

因为每个人的经历都是丰富多彩的，所以每一个人的生活履历都是一部蕴藏丰富内容的教科书，都可供你阅读和吸取有益的养分，从而时刻提醒着自己，避开前进中的沼泽。所以，我们要善于接近和喜欢别人，要学会聆听别人。人们与他人进行沟通，就是想从他人身上获得同情、理解和谅解。人际关系是建立在无私奉献的基础上的。如果你懒得把温暖给予别人，你也就别奢望他人的光亮会反射到你的身上。

抢占别人功劳，损人又不利己

在竞争激烈的工作环境中，有些人喜欢把别人的功劳占为己有。这样的人不去创造业绩，而是偷偷地去占有别人的功劳，到最后只能是既损人又不利己。

不是自己的功劳，你不要去抢，不管别人知道也好不知道也好，抢别人的功劳总不是成功的捷径。世上没有不透风的墙，一旦你抢别人功劳的事情真相大白时，你将会无脸见人，不仅被抢者会成为你的敌人，而且还会失去他人对你的尊重，可谓得不偿失。只有自己亲手创造的功劳才是自己的财富，别人的东西终归是别人的。要想真金不怕火炼，在职场中获得真正的认可，就要凭自己的真本事去创造，投机取巧的做法终究会害人害己。因此不要去做夺取他人功劳又自毁前程的傻事。

做人就要坦荡荡，身在职场，不是自己的功劳，就不挖空心思去占有。不抢功，不夺功，这样的人不仅人际关系好，而且会永远立于不败之地。

大卫是一个研究所的副所长，他负责一个课题的研究，由于行政事务繁多，他没有把全部精力放在课题的研究上。他的助手通过辛勤努力把研究成果搞了出来，这个课题得到了有关方面的认可，赢得了很大的荣誉。报纸、电视台的记者都争相采访大卫，他都拒绝了，并对记者们说：“这项研究的成功是我助手的功劳，荣誉应该属于他。”在座的人听了，都为他的诚实和美德所感动，在报道助手的同时，还特别把大卫坦荡的胸怀和言语都写了出来，使大卫也获得了很好的评价和荣誉。

高明的上司从不占有下属的功劳，下属有功，上司的功劳自然也体现出来了。从不占有别人功劳这一点上，可以看出一个人的品质。可见优秀的品质是一个人成功的前提。

职场的黄金原则就是要与同事合作，有福同享，有难共当。当你在职场上小有成就时，当然值得庆幸，但是你要明白：如果这一成绩的取得是集体的功劳，离不开同事的帮助，那你就不能独占功劳，否则其他同事会觉得你抢夺了他们的功劳。

老刘是一家出版社的编辑，他担任该社下属的一本杂志的主编。平时在单位里上上下下关系都不错，而且他还很有才气，工作之余经常写点东西。有一次，他主编的杂志在一次评选中获了大奖，他感到荣耀无比，逢人便提自己的努力与成就，同事们当然也向他祝贺。但过了一个月，他却失去了往日的笑容。他发现单位同事包括他的上司和下属，似乎都在有意无意地和他过不去，并处处回避他。

过了一段时间，他才发现，他犯了“独享荣耀”的错误。就事论事，这份杂志之所以能得奖，主编的贡献当然很大，但这也离不开其他人的努力，其他人也应该分享这份荣誉，而现在自己“独享荣耀”，当然会使其他的同事内心不舒服。

虽然上帝给了我们两只手一张嘴，但人们还是喜欢用嘴而不喜欢动手。无论何时何地，我们总能看到一些高谈阔论的人。他们总是炫耀自己的才能多么出众，如果能按他说的计划施行，必然能成就一番大事。这些人滔滔不绝，在自己空想的领域里如痴如醉。然而，在旁人看来，那是多么的可笑和愚蠢啊。

所以，当你在职场上有特殊表现而受到肯定时，一定不能独享荣耀。当你获得荣誉后，应该学会与其他同事分享。正确对待荣誉的方法是与他人分享，感谢他人，谦虚谨慎。

我们在工作中不应该总想着怎样去夺取他人的功劳，而是应该学习别人的长处，提升自己的才能，从而创造属于自己的功劳。

被击中痛处，对任何人来说都不会愉快

一个人的处世方式来自于他头脑中的思维方式，有些人似乎只在乎自己的想法，却很少顾及他人的感受，这就常使他们遭人反感，陷于交际不顺的痛苦之中。在我们与人打交道时，一定要注意不能揭别人的短。俗话说：“打人不打脸，骂人不揭短。”这是待人处世应有的礼仪。触人隐痛，是待人处世的大忌。

人人都有不同的成长经历，都有自己的缺陷、弱点，也许是生理上的，也许是隐藏在内心深处不堪回首的经历，这些都是他们不愿提及的“疮疤”，是他们在社交场合中极力隐藏和回避的问题。被击中痛处，对任何人来说，都不是一件令人愉快的事。尤其是有生理缺陷的人，就算再出色、再坚强，内心深处也会有那么一处柔弱和敏感的地方，不愿意被人提及也不愿意被人触摸。而偏偏好事者不肯罢休，非要弄个清楚明白，这样很可能会伤这些人的自尊，更显得自己很无礼，缺少爱心。

今年25岁的陆勤勤刚到新单位上班，看到隔壁的女同事刘姐总是用长发遮着半张脸，听别的同事说刘姐脸上有一块很大的胎记，但是她工作能力很强，与同事之间的关系很融洽，是公司不可或缺的能兵巧将。

人大概就是这样子的，越是神秘的东西越是能引起自己的好奇，陆勤勤特别想看看刘姐的胎记到底是什么样子的。于是，每当陆勤勤看到刘姐

跟别人聊天时，她都会跑过去说几句，眼睛却不时地盯着刘姐的脸。刘姐也注意到了陆勤勤好奇的眼神，她的眼神瞬间就冷淡了下来，满脸尴尬，含糊其词地说了一句话，就匆匆离开了。这时候，另外一个同事走上前来轻声地指责她："你怎么能这么盯着人家的缺陷看，这样多无礼啊！"

人无完人，每个人都有一些不愿意被人揭开的伤疤或者伤痛，我们应该学会尊重别人，宽容对待别人的一些生理缺陷，而不是去肆意地宣扬，或者极力打探以满足自己的好奇心。此外，对于他人身上的缺陷，千万不能用侮辱性的言语加以攻击。中国人可以吃闷亏，也可以吃明亏，但就是不能吃"没有面子"的亏。无论是什么人，只要你触及了这块伤疤，他都会采取一定的方法进行反击。人们都想获求一种心理上的平衡。

三国时期的刘备是个"少须眉"的形象。在古代，胡子和眉毛稀少的男子会被人认为是没有男子汉气概。刘备刚到西蜀时，曾被刘璋手下胡须茂盛的张裕取笑嘴上没毛，令他十分恼火。等后来他赶跑了刘璋，成为张裕的主子的时候，就找了个借口把张裕杀了。由此可见，虽然刘备表现得有些心胸狭窄，但张裕说话尖酸刻薄，讨一时的口头便宜，不懂维护他人尊严才是招来杀身之祸的根源。在封建社会，大兴"文字狱"就成为统治者的一块"遮羞布"。只要触犯了当权者的禁忌，就会丢了身家性命，严重的还会招致灭门惨祸。

人在吵架时最容易暴露其缺点。无论是挑起事端的一方还是另一方，都是因为对方的缺点而产生了敌意，敌意的表露会使双方关系恶化，进而发生争吵。争吵中，双方在众人面前互相揭短，使各自的缺点都暴露在大庭广众之下，而这无论对哪一方来说都是不小的损失。

伤疤不能随便揭，故意揭人伤疤，会使人感到更加痛苦。触人痛处，就会触犯待人处世的潜规则，将朋友得罪，最终自己也会深受其害。恰当地回避他人忌讳的东西，可以使双方的交往更为融洽。

倩楠是A广告公司的设计经理，最近要与B广告公司合作完成一个大型的国际广告项目。B公司派来的是一位男设计师，但是这位设计师不管在什么地方什么时候都戴着一副墨镜，看不清他的眼睛。倩楠听人说他的眼睛有先天残疾，形状和正常人的不一样，为了怕别人看出什么不一样来，他出入都戴着墨镜，因此倩楠并没有太注意。他们聊了一会儿后，那位设计师无意识地摘下眼镜，倩楠抬起头时没有心理准备，吓了一跳，但是她并没有表现出来任何的惊异，因为她知道自己的特殊表情会伤害到他。显然，对方也没从倩楠的脸上发现任何的异样使他感到被另类化，因此他们谈得很开心。

倩楠对这位设计师的缺陷不以为意，而且通过与他的谈话与交往发现，他是个很开朗的人，一起吃饭的时候表现得很是诙谐幽默，平时对女孩子表现得很有风度，关键是才气逼人，是一个很出色很有感觉的设计师。

在倩楠眼里，这位男设计师不仅是个正常人，而且是位难得的人才。她从这位设计师身上学到了很多宝贵的知识，而且出色地完成了公司的任务，受到了客户的高度评价，并且也与那位设计师成为了好朋友。

理解方可宽容，宽容才能快乐。一个人的缺陷往往会成为别人注意和谈论的焦点，如果总是盯着别人的缺陷不放，就会给人不懂得尊重别人的感觉。但是，大多数人总是喜欢拿着放大镜到处放大别人的缺陷，却只会拿着望远镜来检视自己的缺失。在社交中，这种“严以待人，宽以律己”的心态最要不得，它会影响你在别人心中的形象，让人感觉你不懂礼貌。因此，要使别人认同你，请尊重别人，不要盯着别人的错误和缺陷不放。别人的优点能让我们看清自己的缺点，而别人的缺点和我们没有一点儿关系。

知道对方的缺点也不能让我们变得更优秀，反而会让双方互相怀有戒心，不能真诚地交往下去。把有缺陷的人完全当成正常人来看待，在他们需要帮助的时候，以默默无闻的看似无意识的方式给予他们适当的帮助，不使他们感到不适。这样不仅是对他们的尊重，也更显示出我们的爱心与懂礼貌。心理的创伤比肉体的创伤更疼痛，让我们“无声无息”地去关爱他们吧！

任何一个人都是可敌可友的，而多一些朋友总比四面树敌要好。把潜在的对手转化为自己的朋友，这才是最好的处世之道。

另外，即使在言论自由的现代社会，人们也一样有忌讳心理，有自己与人交往所不能提及的“禁区”。就像我们常说的瘸子面前不说短、胖子面前不提肥、“东施”面前不言丑一样，对让人失意之事应尽量地避而不谈。这样既尊重了他人又尊重了自己，不但给自己留了口德，还避免了“祸从口出”。

为人处世不可太较真、认死理

俗话说："天下无难事，只怕有心人。"确实，在生活中，在工作中，在事业上，只要肯付出、有志向、有毅力、能认真，就没有什么办不到的事情。李大钊曾说过："凡事都要脚踏实地地去做，不驰于空想，不骛于虚声，而唯以求真的态度做踏实的功夫。以此态度求学，则真理可明；以此态度做事，则功业可就。"

但是，在生活中，对于烦琐的事情却不能太较真，否则就会斤斤计较，拿着放大镜去看待别人的缺点，而看不到优点。

做事和做人不能太较真。人做好了，事情自然也会做好。但是，怎样做人却是一门大学问，有的人用尽毕生精力也未必能洞悉其全部内涵。处世不能太较真却是其中一理，这正是有人活得潇洒，有人活得累的原因之所在。

做人固然不能玩世不恭，游戏人生，但也不能太较真，认死理。

有位女士总抱怨他们家附近副食店的售货员态度不好，像谁欠了她钱似的，后来无意中知道了女售货员的遭遇：丈夫有外遇，母亲瘫痪在床，上中学的女儿经常患病，她每月只能开500元工资，住一间10平方米的平房。难怪她一天到晚愁眉不展。这位女士从此再也不计较她的态度了，进而还想帮她一把，为她做些力所能及的事。

在公共场所遇到不顺心之事也是常有的，此时，倘若他人没有冒犯到我们的人格，就应宽大为怀。总之，不能和这位与你原本无仇无怨的人瞪着眼睛较劲。你骂我一句，我还你十句；你给我一拳，我恨不得给你十拳……这些都是不值得的，也是没有修养的表现。

有位智者说：“大街上有人骂我，我连头都不回，我根本不想知道骂我的人是谁。因为人生如此短暂和宝贵，要做的事情太多，何必为这种令人不愉快的事情浪费时间呢？”这位先生的确修炼得颇有境界了，知道自己该干什么和不该干什么，知道什么事情应该认真，什么事情可以不屑一顾。想想也是，如果我们明确了哪些事情可以不较真、可以忽略不计，我们就能腾出更多的时间和精力，全力以赴地去做该做的事，那么成功的机会和希望就会大大增加。与此同时，由于我们变得宽宏大量，人们就会乐于同我们交往，我们的朋友就会越来越多。事业的成功伴随着社交的成功，这应该是人生的一大幸事。

当自己的意见与他人存在分歧时，应该认真听取别人的意见，细细想想自己的理论是否也有不正确的地方，相比之下，也许就会发现自己思维的局限性。即便真的是别人错了，也要给人时间去领会，不必当面给别人难堪，因为这样做对你没有任何好处，还可能会失去一位朋友。